高职高专建筑智能化工程技术专业系列教材

火灾报警及消防联动系统安装与维护

主　编　芦乙蓬
副主编　陈忠仁　卢满怀
参　编　李硕明　钟海威　张文昌

机械工业出版社

本书共分为三篇：第一篇　消防报警系统的安装、使用及维护，第二篇　消防联动系统的安装、使用及维护，第三篇　消防通信及避难诱导系统的安装、使用及维护。

　　其中，第一篇着重介绍了建筑物火灾的特点，火灾报警及消防联动系统的结构，消防报警设备、消防报警控制器及消防警报设备的安装、使用及维护等内容。

　　第二篇着重介绍了消防栓灭火系统、喷淋灭火系统、气体灭火系统的结构及控制要求，控制系统的电路图和维修、维护。

　　第三篇着重介绍了避难系统（防排烟、防火分区、防烟（火）分隔）的基本概念、种类、设置要求及结构原理；设置诱导系统（应急照明、疏散照明）的意义和作用、设置要求及设备的维护；消防通信系统（消防广播、消防电话）的作用、构成、安装规范及要求等内容。

　　每章都包含教学目标、目标引入、教学环节及习题等内容。全书图片丰富、层次分明、详略得当。

　　本书可作为高职高专建筑智能化工程技术、建筑电气工程技术、建筑设备工程技术、消防工程技术、物业管理等专业的教材，也可以供相关专业技术人员参考，特别适用于从事消防工程施工的管理人员和技术人员学习使用。

　　为方便教学，本书配有电子课件、模拟试卷及答案等，凡选用本书作为授课用教材的学校，均可来电索取。咨询电话：010-88379375；电子邮箱：wangzongf@ 163. com。

图书在版编目（CIP）数据

火灾报警及消防联动系统安装与维护/芦乙蓬主编. —北京：机械工业出版社，2015.2（2024.8重印）
高职高专建筑智能化工程技术专业系列教材
ISBN 978-7-111-49174-3

Ⅰ.①火…　Ⅱ.①芦…　Ⅲ.①火灾监测—自动报警系统—安装—高等职业—教育—教材②火灾监测—自动报警系统—维修—高等职业教育—教材　Ⅳ.①TU998. 13

中国版本图书馆 CIP 数据核字（2015）第 005586 号

机械工业出版社（北京市百万庄大街 22 号　邮政编码 100037）
策划编辑：王宗锋　责任编辑：王宗锋　版式设计：常天培
责任校对：丁丽丽　封面设计：路恩中　责任印制：邓　博
北京盛通数码印刷有限公司印刷
2024 年 8 月第 1 版第 9 次印刷
184mm×260mm · 9.5 印张 · 212 千字
标准书号：ISBN 978-7-111-49174-3
定价：35. 00 元

电话服务　　　　　　　网络服务
客服电话：010-88361066　　机　工　官　网：www.cmpbook.com
　　　　　010-88379833　　机　工　官　博：weibo.com/cmp1952
　　　　　010-68326294　　金　书　网：www.golden-book.com
封底无防伪标均为盗版　机工教育服务网：www.cmpedu.com

前　言

　　为了更好地适应中、高等职业技术学校建筑智能化工程技术专业的教学要求，全面提升教学质量，满足现代建筑设计的需要，我们充分吸收国内外职业教育教学的先进理念，借鉴一体化教学改革的最新成果，在机械工业出版社的组织帮助下编写了本书。

　　本书有如下特点：

　　1. 更注重对学生技能的培训，要求学生"做中学""学中做"。从"助教"和"助学"的角度构建课程对应的教学资源。

　　2. 内容准确、针对性强，并通过课题的设置和栏目的设计，突出教学的互动性，启发学生自主学习。

　　3. 书中实物、实样、测试现场的图片较多，有利于学生直观了解和学习。

　　4. "去繁就简""由外至内""强化操作"，注重学生动手能力的培养。

　　5. 本书结合一体化教学理念，以典型工作任务为载体，整合相应的知识和技能，实现理论与操作技能的统一，使学生在一个个贴近企业的具体职业情境中学习，既符合职业教育的基本规律，又有利于培养学生分析问题和解决问题的综合职业能力。

　　本书由芦乙蓬任主编，陈忠仁、卢满怀任副主编，参加编写的还有李硕明、钟海威、张文昌。其中第一篇由芦乙蓬、陈忠仁、卢满怀编写，第二篇、第三篇由芦乙蓬、李硕明、钟海威、张文昌编写。芦乙蓬负责统稿。

　　由于编者水平有限，书中难免存在不妥之处，敬请广大读者批评指正。

编　者

目　　录

第一篇　消防报警系统的安装、使用及维护

第二篇　消防联动系统的安装、使用及维护

第三篇　消防通信及避难诱导系统的安装、使用及维护

第一篇 消防报警系统的安装、使用及维护

第一章 火灾报警探测器及手动消防报警按钮的安装、使用及维护

【教学目标】

1. 掌握建筑物火灾的特点。
2. 了解火灾报警及消防联动系统的结构。
3. 掌握火灾报警探测器的结构特点及工作原理。
4. 学会火灾报警探测器的设计与安装。
5. 学会火灾报警探测器的编码操作及简单维护。

【目标引入】

一、建筑物火灾的特点

火灾是指在时间或空间上失去控制的燃烧所造成的灾害。

火灾的发展主要有三个阶段，即阴燃阶段（又称为火灾前期）、燃烧阶段（分为火灾初期和火灾中期两个阶段）和熄灭阶段（又称为火灾晚期）。火灾发展的三个阶段及其特点如下：

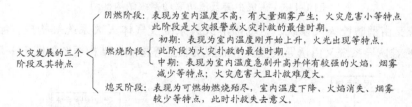

消防工作的原则：预防为主，防消结合。

消防工作的手段：包括制度防范、人工防范及技术防范三种，这三种防范手段相互关联、互为表里，联合作用才能达到最佳的消防目的。本书主要介绍技术防范手段。

二、智能消防系统的结构

技术防范手段以其发现火灾及时和防范范围宽（随着现代建筑物越建越高，消防车的局限性越来越明显，所以高层建筑的消防主要依赖于室内的灭火栓箱或喷淋泵等实现）等特点而被广泛应用。

技术防范的主要手段是智能消防系统。

智能消防系统的工作过程是：首先，火灾报警探测器感测到火灾信号；然后，通过火灾报警控制器发出声光警报，通知火灾区域内的人员迅速撤离；最后，再由火灾报警控制器带动联动设备扑救火灾。智能消防系统工作过程框图如图 1-1-1 所示。

图 1-1-1　智能消防系统工作过程框图

智能消防系统一般分为火灾报警及消防联动系统、灭火系统及避难诱导系统三大部分，而每一部分又都由更小的子系统组成。智能消防系统结构框图如图 1-1-2 所示。

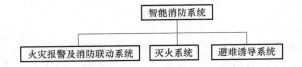

图 1-1-2　智能消防系统结构框图

其中，火灾报警及消防联动系统又由火灾报警控制系统和（消防）联动系统等构成。火灾报警及消防联动系统结构框图如图 1-1-3 所示。

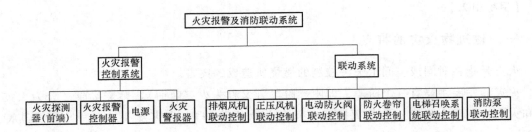

图 1-1-3　火灾报警及消防联动系统结构框图

灭火系统又由消防栓灭火系统、自动喷淋灭火系统及气体灭火系统等构成，结构框图如图 1-1-4所示。避难诱导系统又由诱导装置及事故照明装置等构成，结构框图如图 1-1-5 所示。

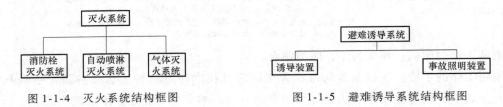

图 1-1-4　灭火系统结构框图　　　　　图 1-1-5　避难诱导系统结构框图

第一节　火灾报警探测器及其附件的认知

【教学目的】

1. 能识别火灾报警探测器的外形和类别。

2. 掌握火灾报警探测器的工作原理与结构。

3. 能识读点型火灾报警探测器的型号。

【教学环节】

一、火灾报警探测器的类型、结构与工作原理

火灾报警探测器是指用来响应其附近区域由火灾产生的物理或化学现象的检测元件。它是智能消防系统的"哨兵"，主要起着及时"发现"火灾并将信号向后传送的作用。火灾报警探测器的具体分类如下：

根据探测火灾参数的不同，可以分为感烟式火灾报警探测器、感温式火灾报警探测器、感光式火灾报警探测器、可燃气体探测器及复合式火灾报警探测器等几种类型。

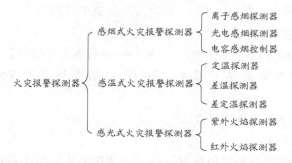

根据探测范围的不同，可以分为点型火灾报警探测器及线型火灾报警探测器。

火灾报警探测器 { 点型火灾报警探测器 / 线型火灾报警探测器

下面简单介绍几种常用的火灾报警探测器。

（一）点型火灾报警探测器

1. 点型火灾报警探测器的结构及型号

点型火灾报警探测器是指火灾探测范围是以探测器在地面投射点为圆心的一个圆形范围的火灾报警探测器。

（1）点型火灾报警探测器的结构　点型火灾报警探测器结构框图如图 1-1-6 所示。

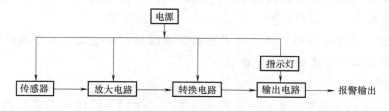

图 1-1-6　点型火灾报警探测器结构框图

图 1-1-6 中，传感器的作用是将火灾发生时的烟雾、温度及光信号转变为电信号；

放大电路的作用是将微弱的电信号转变为较强的电信号；

转换电路的作用是将火灾时产生的模拟信号转变为火灾报警系统能识别的数字信号；

输出电路的作用是将该电信号进行功率放大并输出；

指示灯的作用是显示该火灾报警探测器的工作状态，其中，"闪烁"表明巡检，"常亮"

表明火灾报警；

电源的作用主要是给整个探测器的电路部分提供能源。

点型火灾报警探测器的种类很多，不同种类的探测器的型号标识也不同，我们可以通过读取型号确定不同种类的探测器，并选择不同的运用场所。

（2）点型火灾报警探测器的型号　点型火灾探测器的型号由六位特征代码（字母）和一位特征数字组成。

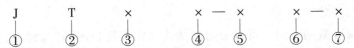

① 消防产品特征代码。其中，J——表明该产品属于"火灾报警类"设备。

② 消防产品特征代码。其中，T——表明该产品属于"探测类"设备。

③ 火灾探测器的特征代码。

Y——表明该火灾探测器是"感烟式"；W——表明该火灾探测器是"感温式"；

G——表明该火灾探测器是"感光式"；Q——表明该火灾探测器是"可燃气体探测器"；

F——表明该火灾探测器是"复合式"。

④ 应用范围特征代码。

B——表明该火灾探测器是"防爆型"；C——表明该火灾探测器是"船用型"。

⑤、⑥ 传感器的特征代码。

LZ——离子；GD——光电；MD——膜盒定温；MC——膜盒差温；

YW——感烟感温（复合式）；GW——感光感温（复合式）；

YW-HS——红外光束感烟感温（复合式）。

⑦ 灵敏度特征数字。

灵敏度有 Ⅰ、Ⅱ、Ⅲ 三个等级。其中，按等级顺序灵敏度依次由高到低，例如，感温式火灾报警探测器的灵敏度是：Ⅰ为62℃、Ⅱ为70℃、Ⅲ为78℃。

2. 点型感烟式火灾报警探测器

点型感烟式火灾报警探测器是响应环境烟雾浓度的探测器，主要用于火灾初期的探测，具有报警及时等特点，但误报较多。

（1）点型离子感烟探测器　点型离子感烟探测器是利用电离室离子流的变化基本正比于进入电离室的烟雾浓度来探测火灾的设备。

1）产品介绍。

① 接线盒：是电工辅料，主要用于导线连接点（导线不够长或终端）的过渡，有保护和连接导线的作用。常用的有金属接线盒与塑料接线盒两种，如图1-1-7和图1-1-8所示。

② 点型离子感烟探测器：分为（普通）离子感烟探测器与防爆离子感烟探测器两种类型，如图1-1-9和图1-1-10所示。其中，（普通）离子感烟探测器的指示灯巡检时闪烁，火灾报警时常亮。

两种火灾报警探测器的主要区别是：防爆离子感烟探测器无指示灯，而（普通）离子感烟探测器有指示灯。相同点是它们都有进烟窗口和防虫网。

离子感烟探测器又由底座及探测头组成。如图 1-1-11 和图 1-1-12 所示。

图 1-1-7　金属接线盒

图 1-1-8　塑料接线盒

图 1-1-9　（普通）离子感烟探测器

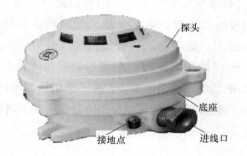

图 1-1-10　防爆离子感烟探测器

图 1-1-11　底座

图 1-1-12　探测头

2）点型离子感烟探测器的结构及工作原理。点型离子感烟探测器由电离室（即传感器）与辅助电路组成。

① 电离室的工作原理。根据电离室的不同分为单源双室和双源双室两种类型。但不论哪种类型的离子感烟探测器，其理论依据都是放射性元素（镅[241]）电离的离子浓度与进入电离室的烟雾浓度成正比。电离室的结构示意图如图 1-1-13 所示，它主要由放射性元素（镅[241]）、电极板（P1 及 P2）及电源等部分组成。

A. 单源双室电离室，其结构示意图如图 1-1-14 所示。

当发生火灾时，烟雾绝大部分通过进烟窗口进入采样（外）电离室，而只有少量烟雾进入参考（内）电离室。这样，就会引起采样（外）电离室的两极板上电压（ΔU）的变化,当 ΔU 达到预定值(即阈值)时,探测器即输出火警信号。

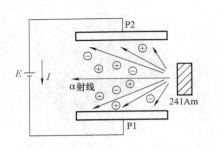

图 1-1-13　电离室结构示意图

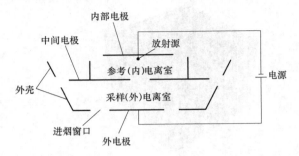

图 1-1-14　单源双室电离室结构示意图

B. 双源双室电离室,其结构示意图如图 1-1-15 所示。

当发生火灾时,烟雾全部通过进烟窗口进入采样(外)电离室,而参考(内)电离室无烟雾进入。这样,就会引起采样(外)电离室的两极板上电压(ΔU)的变化,当 ΔU 达到预定值(即阈值)时,探测器即输出火警信号。

② 辅助电路的工作原理。离子感烟探测器的辅助电路由信号放大电路、检查电路、开关转换电路、确认灯及故障自动检测电路等组成。离子感烟探测器电路原理框图如图 1-1-16 所示。

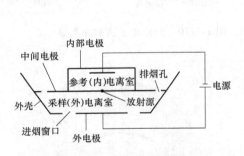

图 1-1-15　双源双室电离室结构示意图

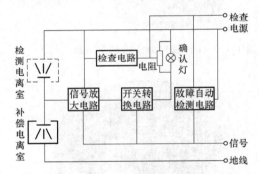

图 1-1-16　离子感烟探测器电路原理框图

点型离子感烟探测器的内部构造如图 1-1-17 和图 1-1-18 所示。

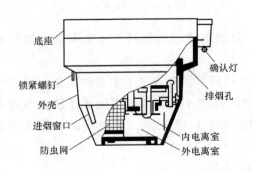

图 1-1-17　点型单源双室离子感烟
探测器的内部构造图

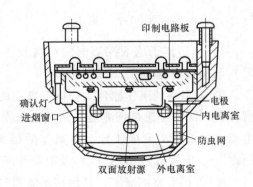

图 1-1-18　点型双源双室离子感烟
探测器的内部构造图

　　工作原理：发生火灾时，电离室就会产生一个电压变化 ΔU，ΔU 经过信号放大电路放大后，送到开关转换电路和参考信号进行比较，当该信号大于预定值时，一方面，发出火灾报警信号；另一方面，点亮确认灯。同时，故障自动检测电路不停地发出巡检信号，当探测器发生故障（主要有电路断线、探测器安装接触不良及探测器被偷走等）时进行"故障"报警。检测电路的作用是可以通过主控室的按键（相当于发生了火灾）检查离子感烟探测器的好坏（否则要对着离子感烟探测器喷射烟雾，定期维护探测器是消防部门的一项重要工作）。

　　单源双室离子感烟探测器与双源双室离子感烟探测器的区别见表 1-1-1。

表 1-1-1　两种离子感烟探测器的区别

区别 类型	抗温、抗潮、抗气压变化	抗污能力	体积	放射源强度	可调整性
单源双室	强	强	小	弱	可调
双源双室	弱	弱	大	强	不可调

　　（2）点型光电感烟探测器　点型光电感烟探测器是利用烟雾能够改变光的传播特性这一基本性质而工作的。根据烟雾粒子对光线的吸收和散射作用，光电感烟探测器又分为散射型和遮光型两类。

　　1）产品介绍。光电感烟探测器的外形与离子感烟探测器的外形基本无差别，它们都有指示灯、进烟窗口与防虫网等部分。光电感烟探测器的探头如图 1-1-19 所示，光电感烟探测器的底座如图 1-1-20 所示。

图 1-1-19　光电感烟探测器的探头

图 1-1-20　光电感烟探测器的底座

　　其中，指示灯巡检时闪烁，火灾报警时常亮，探测器故障时指示灯灭。

　　2）点型光电感烟探测器的结构及工作原理。点型光电感烟探测器由检测室、辅助电路、固定支架及外壳组成，是对一定频谱区（因燃烧而产生的）红外线、可见光和紫外线敏感的火灾探测器，按照其检测室的结构和原理可分为遮光型与散射型两种。

　　① 遮光型检测室。它是利用烟雾粒子对光的吸收遮挡作用并通过光电效应实现火灾报警的探测设备。它由电源、发光二极管、光敏二极管、光学透镜、放大器等部分组成，其结构示意图如图 1-1-21 所示。

　　遮光型检测室的工作原理：正常情况下，无烟雾粒子进入检测室，发光二极管发出的光线经过光学透镜聚焦后照射到光敏二极管上，光敏二极管产生足够强的电信号，探测器不报警。发生火灾时，产生大量的烟雾粒子，当烟雾粒子进入检测室后，发光二极管发出的光线经过烟雾的吸收与遮挡，到达光敏二极管的光线强度被大大削弱，光敏二极管只能产生极微弱的电信号，探测器报警。

② 散射型检测室。它是利用烟雾粒子对光的散射作用并通过光电效应实现火灾报警的探测设备。它由地址编码器、发光二极管、光敏二极管、发射电路、接收电路等部分组成，其结构示意图如图 1-1-22 所示。

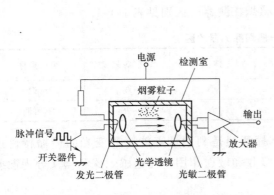

图 1-1-21　遮光型检测室的结构示意图　　　　图 1-1-22　散射型检测室的结构示意图

散射型检测室的工作原理：正常情况下，无烟雾粒子进入检测室，发光二极管发出的光线被挡板阻挡（光线只能做直线运动），照射不到光敏二极管上，光敏二极管不产生电信号，探测器不报警。发生火灾时，产生大量的烟雾粒子，当烟雾粒子进入检测室后，发光二极管发出的光线经过烟雾的折射与反射，而到达光敏二极管，光敏二极管就能产生电信号，探测器报警。

③ 光电感烟探测器的辅助电路结构。遮光型光电感烟探测器的辅助电路分别由脉冲发光电路、信号放大电路、开关转换电路、抗干扰电路、输出电路、稳压电路及指示灯等部分组成，其结构示意图如图 1-1-23 所示。

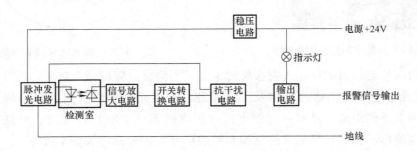

图 1-1-23　遮光型光电感烟探测器的电路框图

散射型光电感烟探测器的辅助电路分别由振荡电路、发射电路、变换电路、放大滤波比较电路、编码电路及稳压电路等部分组成。散射型光电感烟探测器的电路框图如图 1-1-24 所示。

散射型光电感烟探测器的结构示意图如图 1-1-25 所示。

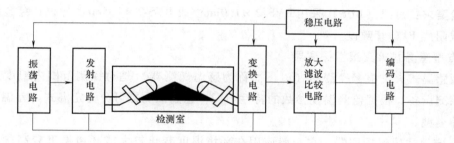

图 1-1-24　散射型光电感烟探测器的电路框图

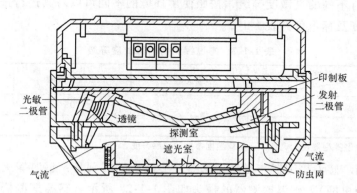

图 1-1-25　散射型光电感烟探测器的结构示意图

（3）点型感烟式火灾探测器的安装与布线　安装步骤：

1）首先依据《火灾自动报警系统设计规范》及施工图进行线管的布设。

2）其次将接线盒埋设在建筑物的顶部墙体内作为"预埋盒"。

3）再次将火灾报警探测器的底盒固定在预埋盒上，底座上不设定位卡，便于调整探测器指示灯的方向。

4）最后将火灾报警探测器的探头正对着底座并顺时针旋转，总线型探测器分别卡接在任意对角的两个接线端子上（不分极性），另一对导体片用来辅助固定探测器。

点型感烟探测器底座安装位置示意图如图 1-1-26 所示；点型感烟探测器安装示意图如图 1-1-27 所示。

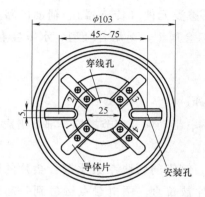

图 1-1-26　点型感烟探测器底座安装位置示意图

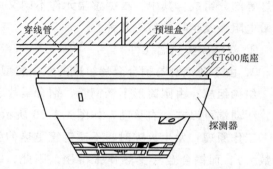

图 1-1-27　点型感烟探测器安装示意图

布线要求： 总线（BUS）采用 RVS-2 × 1.0mm² 或 RVS-2 × 1.5mm² 导线；穿金属管（或线槽）或阻燃 PVC 管敷设。

3. 点型感温式火灾报警探测器

点型感温式火灾报警探测器（以下简称为感温探测器）是对探测范围内温度进行监测的一种探测设备。根据监测温度参数的特性不同，感温探测器可分为定温式、差温式和差定温式三种类型。

（1）定温式感温探测器　它一般应用在环境温度变化较大或环境温度较高的场所。定温式感温探测器有不同的灵敏度等级，按照使用环境的不同可以对其进行选择。其中，灵敏度等级、动作温度及标志色见表 1-1-2。

表 1-1-2　感温探测器的灵敏度等级

灵敏度 参数	Ⅰ级灵敏度	Ⅱ级灵敏度	Ⅲ级灵敏度
动作温度	62°	70°	78°
标志色	绿色	黄色	红色

注：灵敏度是指感温探测器在火灾条件下响应温度参数的敏感程度。

1）产品介绍。感温探测器与感烟探测器外形最大的区别是：感温探测器没有进烟窗口（当然也不需要防虫网）。感温探测器的探头如图 1-1-28 所示。感温探测器的底座如图 1-1-29 所示。

图 1-1-28　感温探测器的探头
图 1-1-29　感温探测器的底座

2）定温式感温探测器的结构及工作原理。一般由感温元件（传感器）、辅助电路及指示灯等部分组成。其中，根据感温元件不同又可分为双金属型、易熔合金型、水银接点型、热敏电阻型及半导体型等几种。

① 双金属型感温元件。

A. 由不锈钢管与铜合金片组成的双金属型感温元件。

结构组成： 由圆筒形不锈钢管、铜合金片、固定端、活动端及调节螺栓等部分组成。其中，活动端可以左、右移动，如图 1-1-30 所示。

工作原理： 发生火灾时，不锈钢管受热伸张得快（钢管的膨胀系数比铜合金片的膨胀系数大），而铜合金片受热伸张得慢，因此，铜合金片被拉直。两电触点触碰到一起而闭合，发出火灾报警信号。旋转调节螺栓时可以改变活动端的位置，从而改变两电触点的距离

（就能改变该探测器的阈值）。

B. 由碟形双金属片、顶杆及微动开关组成的双金属型感温元件。

结构组成： 由集热板、碟形双金属片、顶杆、动触点、静触点、引出端等部分组成。其结构示意图如图 1-1-31 所示。

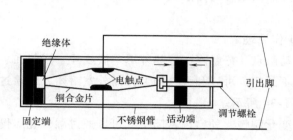
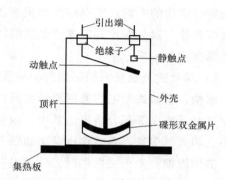

图 1-1-30　双金属型感温元件结构示意图（A）　　图 1-1-31　双金属型感温元件结构示意图（B）

工作原理： 发生火灾时，集热板将温度传递到碟形双金属片上，碟形双金属片受热伸张。由于凹面的金属的膨胀系数比凸面的金属的膨胀系数要大很多，所以，凹面的金属片受热伸张得快而使双金属片变直。当达到临界点时，碟形双金属片突然翻转，带动顶杆向上运动而触碰到动触点使微动开关（包括动触点、静触点、绝缘子及引出端）闭合，进行火灾报警。

② 易熔合金型感温元件。

结构组成： 由集热板、顶杆、弹簧、动触点、静触点、引出端等部分组成。其结构示意图如图 1-1-32 所示。

工作原理： 发生火灾时，集热板将温度传递集中到易熔金属上，易熔金属的温度就会升高。当达到临界温度时，易熔金属开始熔化，顶杆将不受约束，在弹簧的作用下，顶杆向上移动而推动动触点与静触点闭合，探测器报火警。

③ 热敏电阻型感温元件。

结构组成： 由热敏电阻及电阻箱组成的电桥、集成运算放大器等组成。其结构示意图如图 1-1-33 所示。

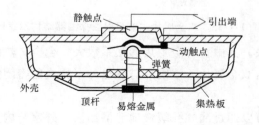
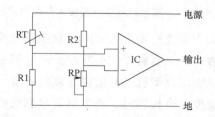

图 1-1-32　易熔合金型感温元件结构示意图　　图 1-1-33　热敏电阻型感温元件结构示意图

工作原理： 首先，通过调整电阻箱（RP）的阻值使电桥达到平衡，此时无输出。当发生火灾时，热敏电阻（RT）随着周围环境温度的升高其电阻值变小，电桥不再平衡，集成运算放大器的输入端有电信号输入，当输入信号大于某一数值（临界值）时，集成运算放大器输出一个火灾报警信号。

（2）差温式感温探测器　它适用于发生火灾时温度快速变化（温度上升超过1℃/min）的场所。常用的差温式感温探测器根据感温元件（即传感器）的不同可以分为膜盒式差温感温探测器、双金属片式差温感温探测器及热敏电阻差温感温探测器等种类，其外形与定温式感温探测器一样。

1）膜盒式差温感温探测器的结构及工作原理。

结构： 膜盒式差温感温探测器主要由动触点、静触点、感热外罩、波纹片、漏气孔、内外空气室及底座等部分组成。其中，内室不封闭，可以和大气沟通；而外室封闭，仅通过漏气小孔和大气沟通。其结构示意图如图1-1-34所示。

工作原理： 无火灾发生时，外界温度变化缓慢，外室内密闭空气可以通过漏气孔缓慢地泄漏出去；内、外室气体的压强相等，波纹片保持原位置不动，动、静触点断开，所以不报警。当发生火灾并因为火灾使周围温度快速上升时，外室气体的体积因为温度变化而急剧膨胀，而漏气孔又无法使气体及时泄漏出去；这样外室气压就会大于内室气压（因为内室和外界相连通，温度急剧变化时，它能及时将气体排出室外，所以内室的压力始终保持在一个大气压上），波纹片受压向上移动，带动动触点向上移动而使触点闭合，发出火灾报警信息。

2）双金属片式差温感温探测器的结构及工作原理。

结构： 双金属片式差温感温探测器主要由双金属片、动触点、静触点、感热外罩、波纹片、漏气孔、内外空气室及底座等部分组成。其结构示意图如图1-1-35所示。

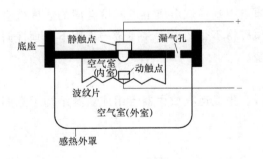
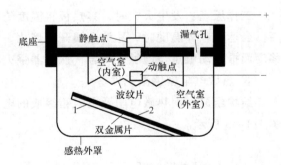

图1-1-34　膜盒式差温感温探测器结构示意图　　图1-1-35　双金属片式差温感温探测器结构示意图

工作原理： 发生火灾时，双金属片受热伸张。其中，合金1热膨胀系数大，合金2热膨胀系数小，双金属片向上弯曲。此时形成一个由双金属片、波纹片与感热外罩构成的密闭空间，该密闭空间就是差温探测器的外室。

温度上升较慢时，外室里受热膨胀的气体可以通过漏气孔缓慢地泄漏出去，外室与内室压强相等，波纹片不受压，动、静触点处于分离状态，不报火警。温度上升较快时，外室里受热膨胀的气体来不及通过漏气孔泄漏出去，外室比内室压强大，波纹片受压向上移动，动、静触点处于闭合状态，报火警。

（3）差定温式感温探测器　差定温式感温探测器是一种集差温式与定温式为一体的火灾探测器。因为它具有两种探测功能，所以可靠性高、应用广泛。

常用的差定温式感温探测器有膜盒差定温式感温探测器、双金属片式感温探测器及热敏电阻式感温探测器等种类。下面介绍一下膜盒差定温式感温探测器。

结构：膜盒差定温式感温探测器主要由弹簧片、动触点、静触点、感热外罩、波纹片、漏气孔、内外空气室及底座等部分组成。膜盒差定温式感温探测器结构示意图如图 1-1-36 所示。

工作原理：发生火灾时，部分可燃物会使周围环境温度很高，此时，易熔合金因为超过熔点而熔化。弹簧片弹回，压迫固定在波纹片上的动触点，动、静触点闭合而发出火灾报警信号，即定温火灾报警原理。发生火灾时，另一部分可燃物会使周围温度不太高，但温度变化比较大，此时，易熔合金不会熔化，弹簧片被牢牢地固定在外罩上。但是由于温度变化较大，外室的气体体积急剧

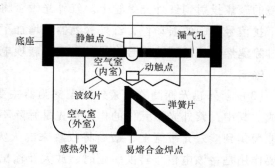

图 1-1-36　膜盒差定温式感温探测器结构示意图

膨胀而无法从漏气孔中泄漏出去，造成外室气体的压强大于内室气体的压强，波纹片受压而带动动触点向上移动，动、静触点闭合而发出火灾报警信号，即差温火灾报警原理。

4. 点型感光式火灾报警探测器

感光式火灾报警探测器（以下简称为感光探测器）又称为火焰探测器，是利用火焰特有的辐射光的波长和火焰的闪烁频率来探测火灾信号的一种火灾探测设备。根据光敏元件（即传感器）的不同，感光探测器可以分为红外感光探测器和紫外感光探测器两大类。

感光探测器特别适用于突然起火而无烟雾的易燃易爆场所，而且它不受气流扰动的影响，所以是目前唯一能适用在室外的火灾探测器。

（1）产品介绍　感光探测器的外形与感烟探测器、感温探测器的外形都不相同，从外面能看到它裸露在外壳处的光敏管，如图 1-1-37、图 1-1-38 和图 1-1-39 所示。

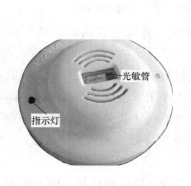
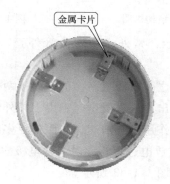

图 1-1-37　感光探测器正面图　　图 1-1-38　感光探测器反面图　　图 1-1-39　感光探测器的底座图

（2）红外感光探测器　红外感光探测器主要由过滤装置、透镜系统、红外光敏管（即

传感器）及电路部分组成。其中，过滤装置和透镜系统用来筛除不需要的波长，而将需要的（波长）光能聚集到红外光敏管上。红外光敏管的作用是将收集来的火灾信号（光线）转换成电信号。电路部分的主要作用是将该电信号转换、延时、放大及输出。红外感光探测器结构框图如图 1-1-40 所示。

组成红外光敏管的材料主要有硅光电池、光敏电阻、硫化铝等。

工作原理： 火灾发生时，燃烧产生的辐射光通过红外滤光片进入探测器内部，再经过凸透镜的聚焦投射到红外光敏管上。红外光敏管将光信号转换为电信号，为了防止其他偶然红外干扰信号引起的误动作，红外探测器还增加了一个积分电路，通过给一个相应的响应时间来排除偶然变化的干扰信号。另外，通过转换电路将获取来的模拟信号转换成数字信号并放大、输出。

（3）紫外感光探测器　紫外感光探测器主要由紫外光敏元件（即传感器）及电路部分组成。其中，紫外光敏元件的作用首先是筛除不需要（波长）的光线，再将需要的（波长）光能聚集到紫外光敏管上，最后将收集来的火灾信号（光线）转换成电信号。电路部分的主要作用是将该电信号转换、延时、放大及输出。

紫外光敏元件主要由反光环、石英窗口、紫外光敏管、自检管及屏蔽套等组成。紫外光敏元件结构图如图 1-1-41 所示。

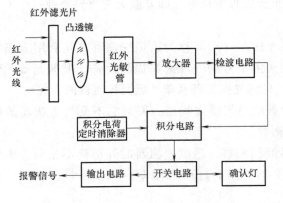

图 1-1-40　红外感光探测器结构框图

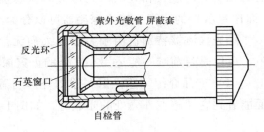

图 1-1-41　紫外光敏元件结构图

工作原理： 如图 1-1-42 所示，紫外光敏管由管外壳、电极、管脚及管内的惰性气体组成。

无火灾发生时，虽然两电极之间电压很高，但是由于两极板被惰性气体隔离开来，所以两者之间不导通，无报警信号发出。火灾发生时，由于紫外线的作用，惰性气体被电离，而电离后的正、负离子在强电场的作用下被加速，从而使更多的惰性气体分子被电离，于是在极短的时间内，造成"雪崩"式放电过程，此时，两电极之间突然导通，发出报警信号。

紫外感光探测器电路框图如图 1-1-43 所示。

无火灾发生时，紫外光敏管截止，O 点电位较低，电子开关没有接收到信号，输出端也无信号输出，不报警。有火灾发生时，紫外光敏管导通，O 点电位升高，电子开关接收到信号而输出，发出报警信号。

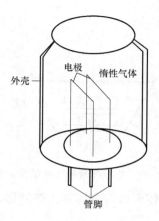

图 1-1-42　紫外光敏管结构示意图

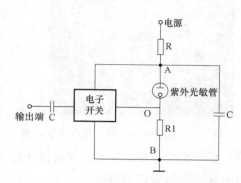

图 1-1-43　紫外感光探测器电路框图

5. 可燃气体探测器

可燃气体探测器是指对单一或多种可燃气体（包括天然气、液化气、酒精及一氧化碳等）浓度做出响应的探测器。它主要用于预防潜在的火灾、爆炸和毒气危害。

可燃气体探测器的主要组成部分是敏感元件，敏感元件根据组成材料的不同又可分为半导体敏感元件与催化型敏感元件两类。

（1）产品介绍　图 1-1-44 是（液化气、天然气）可燃气体探测器，它必须和火灾报警控制器一起使用。

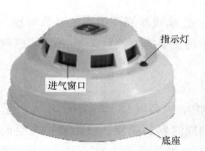

图 1-1-44　（液化气、天然气）可燃气体探测器

图 1-1-45 是（一氧化碳）智能可燃气体探测器，它可以单独使用，并能调节灵敏度等级。当有一氧化碳气体泄漏时，它就会发出报警声。该产品主要用于独立的房间内。

（2）半导体敏感元件

组成：由热元件、特殊处理的半导体及电源等组成。半导体敏感元件结构示意图如图1-1-46 所示。

工作原理：首先，由电源给热元件通电，让探测器内部达到 200~300℃ 的高温。其次，泄漏的可燃气体通过进气孔进入探测器内，在催化剂的作用下，与半导体表面的金属氧化物发生化学反应，从而使该半导体的导电能力大大增强。当浓度达到一定值时，该半导体突然导通，发出可燃气体泄漏的报警信号。

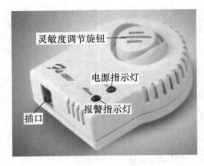

图 1-1-45 （一氧化碳）智能可燃气体探测器

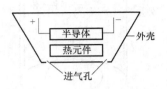

图 1-1-46 半导体敏感元件结构示意图

当泄漏的可燃气体被清除后，在高温作用下，该半导体表面的金属再次被氧化，半导体呈现高电阻状态，报警信号解除。

（3）催化型敏感元件

组成： 主要由一个惰性小珠及一个活性小珠组成。催化型敏感元件结构示意图如图1-1-47所示。

工作原理： 活性小珠是一个内部装有金属铂丝和催化剂的多孔陶瓷小珠，它与惰性小珠靠在一起。

无可燃气体泄漏时，由于电桥平衡，所以无报警信号输出。有可燃气体泄漏时，在高温状态下，活性小珠内的铂丝在催化剂及可燃气体的共同作用下而发生氧化反应（即无氧燃烧），进而造成铂丝的电阻增大。电桥不再平衡，所以发出报警信号。

（二）线型火灾报警探测器

线型火灾报警探测器是一种响应某一连续线路周围的火灾参数的探测器，其连续线路可以是"光路"，也可以是实际线路。常用的主要有线型红外光束感烟探测器与线型感温火灾探测器两种。

1. 线型红外光束感烟探测器

线型红外光束感烟探测器适用于保护空间高度在 12～20m 时（由于火灾产生的烟雾很难达到空间顶部），不适宜安装点型感烟探测器的场所；或无遮拦大空间及有特殊要求的场所。常用的线型红外光束感烟探测器按照光线传播方式的不同可分为对射型和反射型两种。

（1）产品介绍 对射型线型红外光束感烟探测器主要由发射器与接收器两个独立部分组成。对射型线型红外光束感烟探测器如图 1-1-48 所示。

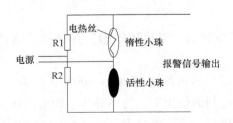

图 1-1-47 催化型敏感元件结构示意图

图 1-1-48 对射型线型红外光束感烟探测器

对射型线型红外光束感烟探测器的最大缺点是安装与调试都较为复杂和困难，所以，对射型线型红外光束感烟探测器逐渐被反射型线型红外光束感烟探测器所取代。

反射型线型红外光束感烟探测器主要由探头（包含接收器和发射器两部分）与反射装置（或称为反光板）两个独立部分组成。反射型线型红外光束感烟探测器如图1-1-49所示。

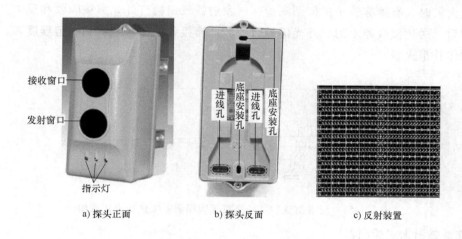

a) 探头正面　　　　b) 探头反面　　　　c) 反射装置

图 1-1-49　反射型线型红外光束感烟探测器

反射型线型红外光束感烟探测器因为安装与调试较为简单而得到广泛应用。

> **注意：** 指示灯中，绿灯为电源指示灯，该灯常亮表明探头处于正常工作（即带电）状态；黄灯为故障指示灯，该灯常亮表明探头有故障；红灯为火灾指示灯，该灯常亮表明探头探测到该处有火灾发生。

（2）对射型线型红外光束感烟探测器的结构及工作原理

结构： 该探测器由电源、发射器（红外发光二极管）、接收器（红外接收二极管）、凸透镜、滤光片、脉冲信号发生器、放大器、转换电路及输出电路等部分组成。

工作原理： 如图1-1-50所示，未发生火灾时，发射器发出的红外光束能无遮拦地传送到接收器上。此时，接收的信号较强，不报火警。

发生火灾时，有烟雾粒子扩散到测量区，发射器发出的红外光束被吸收和反射，到达接收器上的红外光信号将减弱。当接收的信号减弱到一定程度时，该火灾探测器动作并报火警。

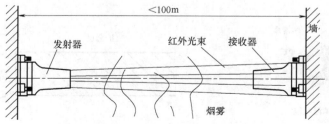

图 1-1-50　对射型线型红外光束感烟探测器工作原理示意图

（3）反射型线型红外光束感烟探测器的结构及工作原理

结构： 它比对射型线型红外光束感烟探测器多出一个反射板。

工作原理： 如图1-1-51所示，未发生火灾时，发射器发出的红外光束经过反射板反射后无遮拦地传送到接收器上。此时，接收的信号较强，不报火警。

发生火灾时，有烟雾粒子扩散到测量区，发射器发出的红外光束被吸收和反射，经过反射板反射后，送达接收器上的红外光信号将减弱。当接收的信号减弱到一定程度时，该火灾探测器动作并报火警。

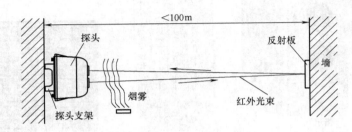

图1-1-51　反射型线型红外光束感烟探测器工作原理示意图

2. 线型感温火灾探测器

（1）产品介绍　线型感温火灾探测器主要由转接盒、终端盒与感温电缆组成。其中，感温电缆是沿一条线路连续分布的，只要在线段上的任何一点出现温度异常，就能感应报警。

线型感温火灾探测器主要用于对电缆设施、电力设施、传动带传输设施及油品等监控对象进行有效保护。

线型感温火灾探测器如图1-1-52所示。

其中，转接盒与一定长度的感温电缆和终端盒连接使用，转接盒对感温电缆及温度进行连续监视，对异常情况造成的温度升高和断线、短路进行报警。

（2）线型感温火灾探测器的结构及工作原理

结构： 转接盒及终端盒主要由信号采集电路、信号放大转换电路、信号处理电路等电路组成；温度传感器由感温电缆组成。

感温电缆的工作原理： 图1-1-53是感温电缆结构示意图，通常将两根同芯的钢丝用热敏绝缘材料隔离起来。正常工作状态下，两根钢丝之间呈现高电阻状态，无信号输出，不会报警；发生火灾时，周围环境温度升高到超过规定值时，该处的热敏绝缘材料受热熔化，造成两导体（钢丝）之间短路或热敏绝缘材料阻抗发生变化（呈现低电阻状态），从而发出火灾报警信号。

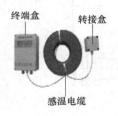

图1-1-52　线型感温火灾探测器

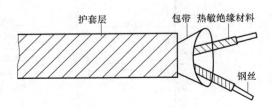

图1-1-53　感温电缆结构示意图

线型感温火灾探测器的工作原理：发生火灾时，感温电缆将该温度（变化）信号转换成电信号，采集电路获取到该信号后，通过信号放大转换电路的放大和转换（将模拟信号转换成数字信号），送给信号处理电路进行对比、分析与判断，决定是否发出火灾报警。

第二节　火灾报警探测器编码操作

【教学目的】

1. 熟悉电子编码器的结构特点及功能。

2. 会运用电子编码器给火灾报警探测器及消防模块编码（包括地址码、灵敏度等）。

【教学环节】

所谓编码，就是给火灾报警探测器设定一些像"地址码""灵敏度"等的特征参数。编码是消防技术的一项最基本、最重要的操作。

总线制系统中，地址码是火灾报警探测器的"身份证"，每个火灾报警探测器在消防报警系统中都有唯一的一个地址码。这样可以保证在总线制布线系统中，取回的信号可以知道来自哪一个探测器，而送出的信号可以准确地送达相应的执行设备。

一、电子编码器产品介绍

电子编码器（以下简称为编码器）是一种对探测器或模块进行读、写编码操作的电子设备，常见的有读探测器与模块的地址号、设备类型号、灵敏度等级及批次号等操作；或者写入探测器与模块的地址号及灵敏度等级。这里以海湾产 BMQ-1 型电子编码器为例加以说明（其他电子编码器的操作大体相同）。编码器的外形如图 1-1-54 ~ 图 1-1-57 所示。

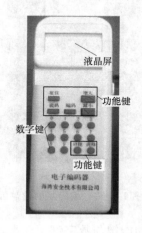

图 1-1-54　编码器前面板

图 1-1-55　编码器后面板

二、电子编码器功能简介

电子编码器侧面结构示意图如图 1-1-58 所示。

图 1-1-58 中，"1"是电子编码器的电源开关，通过它可以完成电子编码器的开机、关

机操作；"2"是总线接口，通过它能实现电子编码器与报警探测器或输入/输出模块的连接；"3"是火灾显示盘接口，通过它能实现电子编码器与火灾显示盘的连接。

  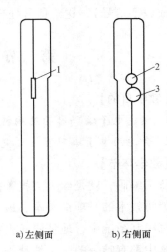

图 1-1-56　编码器右侧面　　图 1-1-57　编码器左侧面　　图 1-1-58　编码器侧面结构示意图

编码器正面结构示意图如图 1-1-59 所示，编码器的键盘区如图 1-1-60 所示。

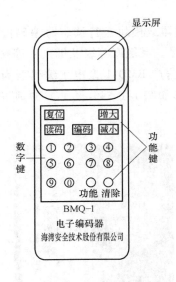 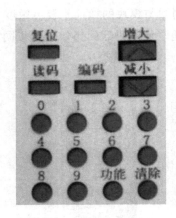

图 1-1-59　编码器正面结构示意图　　　　图 1-1-60　编码器的键盘区

由图 1-1-59 和图 1-1-60 可知，电子编码器的按键有功能键与数字键两大类。

三、火灾报警探测器的编、写码制作

1. 连接

将编码器连接线的一端插接在编码器的总线插口内，另一端的两个鳄鱼夹分别连接在火灾报警探测器的 1、3 导体片（或 2、4 导体片）上，如图 1-1-61 和图 1-1-62 所示。

图 1-1-61　火灾报警探测器金属卡片

图 1-1-62　火灾探测器金属卡片示意图

2. 读地址码

1）将编码器的电源开关扳到"ON"位置上，编码器的荧光屏上就会显示"H002"。

2）按下"读码"键，荧光屏上先显示"L"，然后，就会出现数字，而该数字就是火灾报警探测器的"地址码"。

3）再按下"增大"或"减小"键，荧光屏上依次显示"灵敏度""地址码""脉宽"和"设备类型"等信息。

3. 编码

编码操作包含修改灵敏度及编写地址码等操作。

（1）修改灵敏度

1）在待机状态下，输入"456"三个数字键（开锁密码），然后，再按下"清除"键。

2）先按下"功能"键，再按下数字键"3"，荧光屏上显示"-"。

3）输入相应的灵敏度（注：灵敏度只有1、2、3三个等级），按下"编码"键。荧光屏上会显示"P　数字"（注：该数字只有1、2、3）。

4）当荧光屏上只显示"P"字母时，再按下"清除"键，灵敏度修改操作完成。

（2）编写地址码

1）在待机状态下，输入地址码（地址码的取值范围是 1～242）。

2）按下"编码"键，停留一段时间后，荧光屏上显示"P"。

3）此时，再按下"清除"键，地址码设置操作完成。

> **注意**：如果编码器不在待机状态，请按下"清除"键。等到荧光屏上显示"0"时，说明编码器进入待机状态。

另外，除了火灾报警探测器的编码工作外，还有对手动报警按钮、消防栓报警按钮、各种现场模块及火灾显示盘等的编码工作（将在以后的章节中介绍）。

第三节　火灾报警探测器的选择、安装与维护

【教学目的】

1. 能根据环境条件等选择火灾报警探测器的种类，并能熟练计算报警区域内需要火灾

报警探测器的数量。

2. 熟练掌握火灾报警探测器安装的步骤。

3. 了解火灾报警探测器安装的法律法规。

4. 会定期检测火灾报警探测器。

【教学环节】

一、火灾报警探测器的选择

总的选择原则：在尽量节省火灾报警探测器数量的基础上，做到防范区域范围内无死角。保障火灾报警探测器的类型满足"杜绝漏报，减少误报"的要求。

火灾报警探测器的选择步骤如下。

1. 探测器类型的选择

（1）根据火灾特点、环境条件及安装场所选择探测器的类型 为了能准确地选择探测器，我们将火灾的发生与发展划分为四个阶段：

前期：火灾尚未形成（即阴燃阶段），只出现一定量的烟，基本上未造成物资损失。

早期：火灾开始形成，烟量大增，温度上升，出现火光，造成损失较小。

中期：火灾已经形成，温度很高，燃烧加速，造成损失较大。

晚期：火灾已经扩散。

各种火灾报警探测器适用情况见表 1-1-3。

表 1-1-3　各种火灾报警探测器适用情况

条件 探测器	适用阶段	适用场所	不适用场所	实例
感烟探测器	前期、早期	燃烧时产生大量烟、少量热和少量光的场所	1. 平时存在大量粉尘及水蒸气的场所 2. 风速过大的场所	适用于探测棉、麻织品
感温探测器	早期、中期	平时存在大量粉尘及水蒸气的场所	1. 可能产生阴燃的场所 2. 风速过大的场所	适用于会议室、厨房等
感光探测器	早期	1. 燃烧时产生少量烟和热 2. 可以用于风速较大的场所	燃烧时有大量烟雾产生的场所	适用于轻金属的燃烧

各种火灾报警探测器适用场所的详细情况如下。

1）下列场所宜选择点型感烟探测器。

① 饭店、旅馆、教学楼、办公室的厅堂、卧室、办公室等；

② 电子计算机房、通信机房、电影或电视放映室等；

③ 楼梯、走道、电梯机房等；

④ 书库、档案库等；

⑤ 有电气火灾危险的场所。

2）符合下列条件之一的场所宜选择感温探测器。

① 相对湿度经常大于 95%；

② 无烟火灾；

③ 有大量粉尘；

④ 在正常情况下有烟和有蒸汽滞留；

⑤ 厨房、锅炉房、发电机房、烘干车间等；

⑥ 吸烟室等；

⑦ 其他不宜安装感烟探测器的厅堂和公共场所。

3) 符合下列条件之一的场所宜选择感光探测器。

① 火灾时有强烈的火焰辐射；

② 无阴燃阶段的火灾（如液体燃烧火灾等）；

③ 需要对火焰做出快速反应。

4) 在下列场所宜选择可燃气体探测器。

① 使用管道煤气或天然气的场所；

② 煤气站和煤气表房以及存贮液化石油气罐的场所；

③ 其他散发可燃气体和可燃蒸汽的场所；

④ 有可能产生一氧化碳气体的场所，宜选择一氧化碳气体探测器。

5) 符合下列条件之一的场所不宜选择离子感烟探测器。

① 相对湿度经常大于 95%；

② 气流速度大于 5m/s；

③ 有大量粉尘、烟雾滞留；

④ 可能产生腐蚀性气体；

⑤ 在正常情况下有烟滞留；

⑥ 产生醇类、醚类、酮类等有机物质。

6) 符合下列条件之一的场所不宜选择光电感烟探测器。

① 可能产生黑烟；

② 有大量粉尘、水雾滞留；

③ 可能产生蒸汽和油雾；

④ 在正常情况下有烟滞留。

7) 不宜选择感温探测器的场所。

① 可能产生阴燃或发生火灾不及早报警将造成重大损失的场所，不宜选用感温探测器；

② 温度 0℃ 以下的场所，不宜选用定温探测器；

③ 温度变化较大的场所，不宜选用差温探测器。

8) 符合下列条件之一的场所不宜选择感光探测器。

① 可能发生无焰燃烧的火灾；

② 在火焰出现前有浓烟扩散；

③ 探测器的镜头易被污染；

④ 探测器的镜头"视线"易被遮挡；

⑤ 探测器易被阳光或其他光源直接或间接照射；

⑥ 在正常情况下有明火作业以及 X 射线、光等影响。

9）探测器的组合：装有联动装置、自动灭火系统以及用单一探测器不能有效确认火灾的场合，宜采用感烟探测器、感温探测器、感光探测器（同类型或不同类型）的组合。

（2）根据房间的高度选择探测器的类型　由于各种探测器结构及特点各异，所以适用的高度也不一致。具体情况见表 1-1-4。

表 1-1-4　根据房间高度选择探测器

房间高度 h/m	感烟探测器	感温探测器			感光探测器
		一级（62℃）	二级（70℃）	三级（78℃）	
$12 < h \leq 20$	不适合	不适合	不适合	不适合	适合
$8 < h \leq 12$	适合	不适合	不适合	不适合	适合
$6 < h \leq 8$	适合	适合	不适合	不适合	适合
$4 < h \leq 6$	适合	适合	适合	不适合	适合
$h \leq 4$	适合	适合	适合	适合	适合

2. 探测器数量的确定

首先，探测区域内的每一个房间内至少设置一只火灾探测器。其次，当探测区域内需要多个火灾探测器时可以按下列方法确定。

> **注意**：下列场所可以不设火灾探测器。
> ① 厕所、浴室等场所；
> ② 不能有效探测火灾的场所；
> ③ 不便维修、使用（重点部位除外）的场所。

具体确定步骤如下。

（1）粗略估算　根据探测区域的面积及保护对象的不同，某一探测区域内所设探测器的数量应按下列公式计算：

$$N = S/(K \cdot A)$$

式中，N 是探测器数量（只），N 应取整数；S 是该探测区域面积（m^2）；A 是探测器的保护面积（m^2）；K 是修正系数，特级保护对象宜取 0.7~0.8，一级保护对象宜取 0.8~0.9，二级保护对象宜取 0.9~1.0。

其中，特级保护对象是指建筑高度超过 100m 的高层民用建筑；一级保护对象是指建筑高度超过 24m 的民用建筑或公共建筑、建筑面积超过 1000m^2 的工业建筑或地下民用建筑等；二级保护对象是指建筑高度低于 24m 的民用建筑或公共建筑、建筑面积少于 1000m^2 的工业建筑或地下民用建筑等。

探测器保护面积（A）及保护半径（R）会根据房间的高度与房顶坡度不同有所变化，其中，感烟、感温探测器保护面积和保护半径见表 1-1-5。

表 1-1-5　感烟、感温探测器保护面积和保护半径

火灾探测器的种类	地面面积 /m²	房间高度/m	探测器保护面积 A 和保护半径 R					
			房顶坡度 θ					
			θ≤15°		15°<θ≤30°		θ>30°	
			A/m²	R/m	A/m²	R/m	A/m²	R/m
感烟探测器	S≤80	h≤12	80	6.7	80	7.2	80	8.0
	S>80	6<h≤12	80	6.7	100	8.0	120	9.9
		h≤6	60	5.8	80	7.2	100	9.0
感温探测器	S≤30	h≤8	30	4.4	30	4.9	30	5.5
	S>30	h≤8	20	3.6	30	4.9	40	6.3

（2）精确计算　图 1-1-63 所示是某一个探测区域（该探测区域无梁或梁的高度不超过 200mm），该探测区域内所需探测器的数量可按下列方法确定。

1）确定在宽度方向上需要几行探测器。

$$N_1 = D/2R + 1，取整数部分$$

式中，N_1 是该探测区域内所需探测器的行数；D 是探测区域的宽度；R 是一只探测器所能探测区域的半径（见表 1-1-5）。

2）确定在长度方向上需要几列探测器。

$$N_2 = L/2R + 1，取整数部分$$

式中，N_2 是该探测区域内所需探测器的列数；L 是探测区域的长度；R 是一只探测器所能探测区域的半径（见表 1-1-5）。

3）对比粗选和精选的结果，初步判定所需探测器的数量。

如果满足 $N \leq N_1 \times N_2$，则 $N_1 \times N_2$ 就是该探测区域所需探测器的总数；

如果 $N > N_1 \times N_2$，则应该增加一行或增加一列（增加行或列，视具体情况而定）。一直到增加以后的新的行列数满足 $N \leq N_1' \times N_2'$，则 $N_1' \times N_2'$ 就是该探测区域所需探测器的总数。

（3）验算及探测器间距的确定

1）间距的确定。如图 1-1-64 所示，粗实线（即行、列）的交汇处，就是探测器的安装位置。

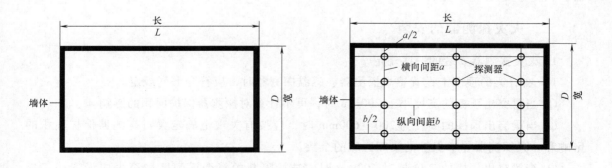

图 1-1-63　某探测区域平面图　　　　　图 1-1-64　探测器安装位置平面图

横向间距 $\qquad\qquad\qquad\qquad\qquad a = D/N_1$

式中，N_1 是该探测区域内所需探测器的行数；D 是探测区域的宽度。

纵向间距 $\qquad\qquad\qquad\qquad\qquad b = L/N_2$

式中，N_2 是该探测区域内所需探测器的列数；L 是探测区域的长度。

2）验算。满足 $\sqrt{(a/2)^2 + (b/2)^2} \leqslant 2R$ 的条件时，说明探测器的数量和间距选择都合适；不满足 $\sqrt{(a/2)^2 + (b/2)^2} \leqslant 2R$ 的条件时，需要重新计算（微调，即增加一行或一列），直到满足条件为止。

【例1】 某地面面积为 30m×40m 的生产车间，房顶坡度为 15°，房间高度为 8m。该探测区域内应设多少只探测器？如何布置？

解： 根据对使用场所及房间高度等因素的考虑，参见表 1-1-4，该生产车间适宜安装感烟探测器。

再根据对房顶坡度与房间高度等因素的考虑，参见表 1-1-5，应选择探测器的保护面积 $A = 80\text{m}^2$，保护半径 $R = 6.7\text{m}$。

估算。 需要探测器 $N = S/(KA) = 30 \times 40/(1.0 \times 80) = 15$ 只

注：建筑面积少于 1000m² 的工业建筑或地下民用建筑等属于二级保护对象，其安全修正系数 K 取 0.9~1.0。

精算。 行数 $N_1 = D/2R + 1 = 40/(2 \times 6.7) + 1 = 3.985$，取整为 3 行。

列数 $N_2 = L/2R + 1 = 30/(2 \times 6.7) + 1 = 3.239$，取整为 3 列。

对比。 由于 $N_1 \times N_2 = 3 \times 3 = 9$，不满足 $N \leqslant N_1 \times N_2 (N = 15)$ 的条件，所以行数、列数各加一，新的行数 $N_1' = 4$，新的列数 $N_2' = 4$。

此时，$N_1' \times N_2' = 4 \times 4 = 16$，满足 $N \leqslant N_1' \times N_2' (N = 15)$。所以，该生产车间应安装 16 只探测器。

确定间距： 横向间距 $a = D/N_1' = 40/4\text{m} = 10\text{m}$。

纵向间距 $b = L/N_2' = 30/4\text{m} = 7.5\text{m}$。

验算。 $\sqrt{(a/2)^2 + (b/2)^2} = \sqrt{(10/2)^2 + (7.5/2)^2}\text{m} = \sqrt{39.0625}\text{m} = 6.25\text{m}$。

满足 $\sqrt{(a/2)^2 + (b/2)^2} \leqslant 2R$ 的条件（$2R = 13.4$），所以，探测区域内应设 16 只探测器，且应布置为 4 行 4 列。

二、火灾探测器的安装

1. 火灾探测器安装的一些规定

1）在有梁的顶棚上设置感烟探测器、感温探测器时，应符合下列规定。

① 当梁突出顶棚的高度小于 200mm 时，可不计梁对探测器保护面积的影响。

② 当梁突出顶棚的高度为 200~600mm 时，应按有关规范确定梁对探测器保护面积的影响和一只探测器能够保护的梁间区域的个数。

③ 当梁突出顶棚的高度超过 600mm 时，被梁隔断的每个梁间区域至少应设置一只探测器。

④ 当被梁隔断的区域面积超过一只探测器的保护面积时，被隔断的区域应按有关规定计算探测器的设置数量。

⑤ 当梁间净距小于1m时，可不计梁对探测器保护面积的影响。

2）在宽度小于3m的内走道顶棚上设置探测器时，宜居中布置。感温探测器的安装间距不应超过10m；感烟探测器的安装间距不应超过15m；探测器至端墙的距离不应大于探测器安装间距的一半。

3）探测器至墙壁、梁边的水平距离不应小于0.5m。

4）探测器周围0.5m内不应有遮挡物。

5）房间被书架、设备或隔断等分隔，其顶部至顶棚或梁的距离小于房间净高的5%时，每个被隔开的部分至少应安装一只探测器。

6）探测器至空调送风口边的水平距离不应小于1.5m，并宜接近回风口安装，探测器至多孔送风顶棚孔口的水平距离不应小于0.5m。

2. 火灾探测器的安装步骤

（1）安装流程 探测器安装流程图如图1-1-65所示。

（2）探测器的布置要求

1）探测器适宜水平安装，当必须倾斜安装时倾斜角不应大于45°。

2）线型火灾探测器和可燃气体探测器等有特殊安装要求的探测器，应符合现行有关国家标准的规定。

3）探测器的底座应固定牢靠，其导线连接必须可靠压接或焊接，当采用焊接时，不得使用带腐蚀性的助焊剂。

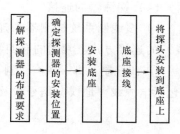

图 1-1-65 探测器安装流程图

4）同一工程中的导线，应根据不同用途选不同颜色加以区分，相同用途的导线颜色应一致。电源线正极应为红色，负极应为蓝色或黑色。

5）探测器底座的外接导线应留有不小于15cm的余量，入端处应有明显标志。

6）探测器底座的穿线孔适宜封堵，安装完毕后的探测器底座应采取保护措施。

7）探测器的确认灯，应面向便于人员观察的主要入口方向。

8）探测器在即将调试时方可安装，在安装前应妥善保管，并应采取防尘、防潮、防腐蚀措施。

（3）探测器的安装方式 探测器常见的安装方式有埋入式接线盒（预埋盒）安装方式、吊顶下安装方式及活动地板下安装方式等几种。

其中，埋入式接线盒安装方式是指在土建工程时已经将预埋盒、布线管等预先安放好；然后，再将电线穿过线管，并进入预埋盒；最后，将电线连接到探测器的底座上，并将探头旋接在底座上。预埋盒、底座及探头的安装位置如图1-1-66所示。

总线制探测器底座安装位置如图1-1-67所示。

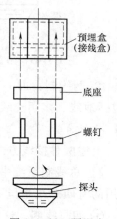

图 1-1-66 预埋盒、底座及探头安装位置关系示意图

埋入式接线盒安装效果示意图如图 1-1-68 所示。

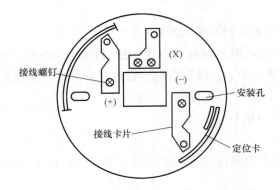

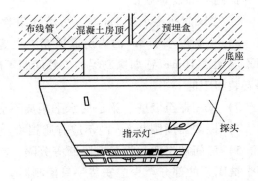

图 1-1-67　总线制探测器底座安装位置示意图　　图 1-1-68　埋入式接线盒安装效果示意图

吊顶下安装方式是指在有吊顶的房间内，将探测器的底座安装在吊顶上的安装方式。其安装步骤如下：首先，将接线盒安装在吊顶内或龙骨上；然后，将探测器的底座固定在接线盒上；最后，将探头旋入底座上。吊顶下安装示意图如图 1-1-69 所示。

（4）探测器的连接

1）多线制系统探测器的连接。多线制系统中的探测器采用"公用线"加"一对一硬线"的连接方式。常用的有四线制与两线制两种。

① 四线制：即 $n+4$ 线制，其中，n 为探测器的数量（一对一硬线），4 是指公用线（包括电源线、地线、信号线及自诊断线）。接线方式如图 1-1-70 所示。

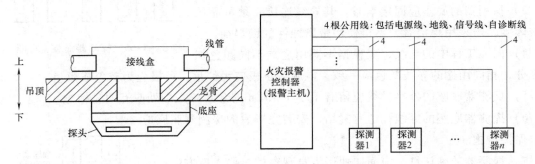

图 1-1-69　吊顶下安装示意图　　　　　图 1-1-70　多线制系统（四线制）接线方式

② 两线制：即 $n+2$ 线制，其中，n 为探测器的数量（一对一硬线），2 是指公用线（包括地线、多用途线），而多用途线又包括供电、选通信号及自检等功能。接线方式如图 1-1-71 所示。

上述两种接线方式由于连接线较多、较复杂，所以在我国已经退出使用。

2）总线制系统中探测器的连接。总线制系统是探测器只存在"公用线"的连接方式。常用的有四总线制与两总线制两种。

① 四总线制：这种连接方式是将所有的探测器都连接到四根"公用线"（即四根总线）上。其中，四根总线分别是：P 线提供探测器的电源、编码、选址信号；T 线提供故障检测信号；S 线提供控制信号；G 线即地线。接线方式如图 1-1-72 所示。

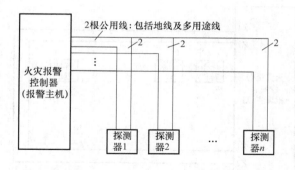 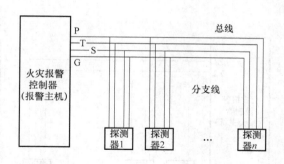

图 1-1-71　多线制系统（两线制）接线方式　　　图 1-1-72　总线制系统（四总线制）接线方式

四总线制接线方式虽然能大大减少连接线的数量，但连接起来还是较复杂。所以，在我国的使用也不多。

② 二总线制：这种连接方式是将所有的探测器都连接到两根"公用线"（即两根总线）上。其中，两根总线分别是 Z1、Z2，而且不分极性。如果不考虑连接方式的话，二总线制探测器的连接是将该探测器的两个接线端子（即 Z1、Z2）连接到和它临近的另外一个总线设备的相应的两个总线接线端子 Z1、Z2 上即可，如图 1-1-73 所示。也可以是两临近的探测器的总线接线端子 Z1、Z2 相连，如图 1-1-74 所示。

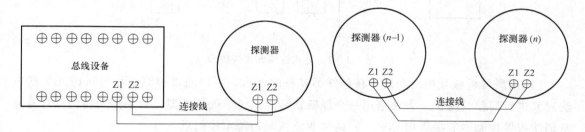

图 1-1-73　探测器连接到其他总线设备上的示意图　　　图 1-1-74　两相邻探测器相连的示意图

如果考虑探测器的连接方式，探测器的连接有树枝形连接方式、环形连接方式及链式连接方式等多种。

树枝形连接方式：这种连接方式的特点是结构简单，节省导线。但是，一旦总线断路，就会造成断路处以后的探测器不能正常工作。图 1-1-75 是树枝形连接方式的接线图。

环形连接方式：这种连接方式的特点是系统运行更加可靠（即使总线发生断路故障，也不会造成探测器不能正常工作），但使用的线材较多。图 1-1-76 是环形连接方式的接线图。

链式连接方式：这种连接方式的特点是结构简单，接线容易。一般情况下，要增加一个隔离模块来保障一只探测器发生短路故障时不会影响到整个系统的工作。链式连接方式接线图如图 1-1-77 所示。

3. 火灾报警探测器的维护

一般情况下建议探测器每使用半年测试一次，每使用两年清洗一次。

（1）探测器的测试

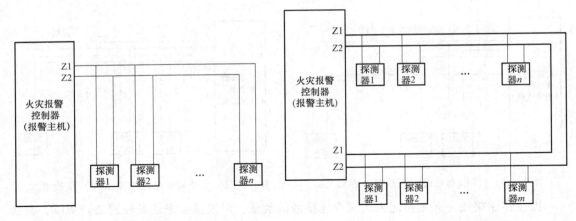

图 1-1-75　树枝形连接方式接线图　　　　图 1-1-76　环形连接方式接线图

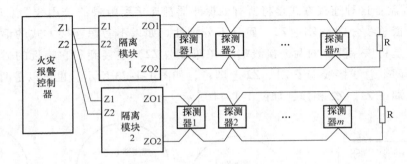

图 1-1-77　链式连接方式接线图

1）探测器机械开关的测试。在条件不具备的地方，可以通过检测探测器机械开关的方法对其进行简单的测试。方法是用一个强磁铁靠近系统中的探测器，如果探测器的红灯常亮且消防报警控制器有报警信号输入，则表明该探测器基本没问题。

2）用探测器测试仪来测试。有条件的地方，需要用火灾报警探测器测试仪来检测火灾报警探测器的工作状态。方法是将探测器测试仪的烟嘴靠近系统中的火灾探测器，如果探测器的红灯常亮且消防报警控制器有报警信号输入，表明该探测器一定没问题。

① 产品简介。常用的两种探测器测试仪如图 1-1-78 和图 1-1-79 所示。

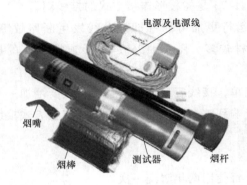

图 1-1-78　火灾报警探测器测试仪（一）

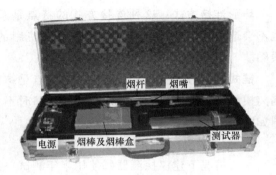

图 1-1-79　火灾报警探测器测试仪（二）

② 火灾报警探测器测试仪的安装步骤。具体安装步骤如图 1-1-80～图 1-1-87 所示。

图 1-1-80　将测试头端盖逆
　　　　　　时针旋转并拉出

图 1-1-81　插上烟嘴

图 1-1-82　点燃烟棒

图 1-1-83　将烟棒插入测试器

图 1-1-84　烟棒外留 20mm

图 1-1-85　套上测试器头

图 1-1-86　接上烟杆

图 1-1-87　完成

3）检测步骤：

① 点燃烟棒，并将烟棒插入探测器。

② 接通电源，并打开电源开关。

③ 将烟嘴靠近待测量的感烟探测器。

④ 如果此时感烟探测器上的红色指示灯由一闪一闪的状态变为常亮状态，说明感烟探测器工作正常；如果此时报警控制器接到火灾报警信号，说明该报警线路的工作状态也正常。

（2）探测器的维护

1）感烟探测器的维护：感烟探测器的维护主要是指对它的防虫网的清扫。

2）清扫步骤如下：

① 顺时针旋转，将探头从底座上取下来。

② 取下探头的塑料外壳，如图 1-1-88 所示。

③ 取下探头上的防虫网，并用毛刷轻轻地扫除防虫网上的灰尘及杂物，如图 1-1-89

所示。

图 1-1-88　取下塑料外壳

图 1-1-89　清洁防虫网

④ 清扫完成后，安装好探头并将探头安在底座上。

3）感光探测器的维护：感光探测器的维护主要是指对其光敏管的清洁。

4）清洁方法：用一块沾有清洁剂的细绒布轻轻擦去光敏管上的尘土。擦拭时一定要注意，不能碰碎光敏管，也不能碰歪光敏管。

第四节　手动报警按钮的安装与使用

【教学目的】

1. 了解手动报警按钮的种类和作用。

2. 掌握手动报警按钮的工作原理。

3. 会安装手动报警按钮并连接。

【教学环节】

手动报警按钮与火灾报警探测器的作用相同，都是当发生火灾时发出火灾报警信号。但不同的是手动报警按钮需要人工手动报警，即发生火灾时由目击者按下手动报警按钮来发出火灾报警信号；而火灾报警探测器是根据火灾发生时的物理现象（产生烟雾、温度变化及产生火光等）自动发出火灾报警信号的。

常见的手动报警按钮有不带电话插孔及带电话插孔等两种形式。

1. 产品介绍

不带电话插孔的手动报警按钮如图 1-1-90 所示，带电话插孔的手动报警按钮如图 1-1-91 所示。消防电话机如图 1-1-92 所示。

2. 工作原理

手动报警按钮一般安装在楼梯间的出入口，当人工确认火灾发生时，按下按钮上的有机玻璃片（即破玻按钮），向报警控制器发出火灾报警信号并显示报警按钮的编码或位置，并发出报警声。火灾警报解除后，用吸拔器将破玻按钮复位。

3. 设计要求与布线

（1）设计要求

1）每个防火分区至少应设置一只手动火灾报警按钮。

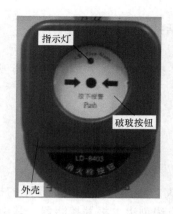

图 1-1-90　不带电话插孔的手动报警按钮　　　　图 1-1-91　带电话插孔的手动报警按钮

2）在一个防火分区内，任何位置到最近的一只手动火灾报警按钮的距离不应大于 30m。

3）手动火灾报警按钮安装在墙上时，底边距地面的高度在 1.3～1.5m 之间。

4）外接导线进入手动火灾报警按钮的接线盒中时，应留有不小于 10cm 的余量。

（2）布线要求　不带电话插孔的火灾报警按钮的接线端子示意图如图 1-1-93 所示。

带电话插孔的火灾报警按钮的接线端子示意图如图 1-1-94 所示。

图 1-1-94 中，Z1、Z2：为二总线端子，无极性；

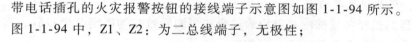

图 1-1-92　消防电话机

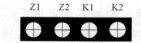

图 1-1-93　不带电话插孔的火灾
报警按钮的接线端子示意图

图 1-1-94　带电话插孔的火灾
报警按钮的接线端子示意图

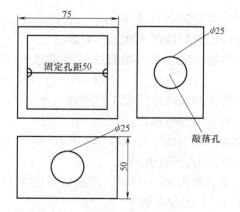

图 1-1-95　接线盒的示意图

K1、K2：为直流 24V 进线端子或控制线输出端子；

TL1、TL2：为总线编码电话接线端子或电线制电话接线端子；

AL、G：为报警请求接线端子。

安装手动报警按钮时，首先要将接线盒埋入墙里，接线盒的尺寸如图 1-1-95 所示。

然后，再固定探测器的底座。

最后，将手动报警按钮用力按在（插接）底座上。

本 章 小 结

1. 火灾报警探测器是指用来响应其附近区域由火灾产生的物理或化学现象的检测元件。根据探测范围的不同可以分为：点型火灾报警探测器及线型火灾报警探测器。其中，点型火灾探测器是指火灾探测范围是以探测器在地面投射点为圆心的一个圆形范围的火灾探测器。线型火灾探测器是一种响应某一连续线路周围的火灾参数的探测器，其连续线路可以是"光路"，也可以是实际线路。

2. 感烟式火灾报警探测器主要用于火灾初始阶段（即阴燃阶段）的火灾报警，具有预警早的特点。感温式火灾报警探测器与感光式火灾报警探测器主要用于火灾初始阶段（即阴燃阶段）到火灾发展阶段（即充分燃烧阶段）中间的过渡阶段的报警和控制。这样，既可杜绝漏报，也可减少误报。

3. 总线制系统中，地址码是火灾报警探测器的"身份证"，每个火灾报警探测器在消防报警系统中都有唯一的一个地址码。编写地址码的设备是电子编码器，基本操作包括火灾报警探测器地址码的读、写和修改灵敏度。

4. 火灾报警探测器的选择包括探测器类型的选择和探测器数量的确定两个步骤，其中，火灾报警探测器数量可以用公式 $N = S/(K \cdot A)$ 粗略计算。

5. 手动报警按钮与火灾报警探测器的作用相同，可以看成手动的"火灾报警探测器"。安装时，应先埋设接线盒，再固定底盒，然后连线，最后将手动报警按钮插接在底座上。

习　　题

1. 简述感烟火灾报警探测器的种类与结构。

2. 简述离子感烟火灾报警探测器的组成和工作原理。

3. 观察感烟火灾报警探测器、感温火灾报警探测器及感光火灾报警探测器的外观，并说出它们的区别。

4. 简述定温感温火灾报警探测器的组成和工作原理。

5. 解释下列火灾报警探测器的型号的含义。

① JYT-GD-2101；② JTW-ZD-2102；③ JTW-LCD-ZC500A。

6. 简述编写火灾报警探测器地址码的步骤。

7. 某一探测区域内，地面面积为 $30 \times 40 \mathrm{m}^2$，房顶的坡度为 $15°$，房间高度为 $8\mathrm{m}$。该区域内应设多少只感烟火灾探测器？如何布置？

8. 简述手动报警按钮的设计要求。

第二章　火灾报警控制器及消防模块的安装、使用和操作

【教学目标】

1. 了解火灾报警控制器的结构、种类。
2. 会火灾报警控制器的安装。
3. 会识别各种火灾报警模块，并掌握它们的安装、使用方法。
4. 会用火灾报警控制器设置用户程序。

【目标引入】

火灾报警控制器是整个火灾报警及联动系统的"主脑"部分。它将"前端"（包括各种探测器、手动按钮等）接收到的火灾信号进行对比、分析及判断，并通过事先设置好的程序输出控制联动设备工作（如防火卷帘门落下形成防火分区、新风通道关闭防止新鲜空气的进入而助燃等）。

火灾报警控制器按照结构要求可分为壁挂式火灾报警控制器、琴台式火灾报警控制器和立柜式火灾报警控制器三类。

火灾报警控制器按照设计使用要求的大小可分为区域火灾报警控制器和集中火灾报警控制器两种。

消防模块也是消防报警控制系统的一个重要组成部分，了解它们会为我们的安装、施工带来极大的便利。常用的消防模块有隔离模块、输入模块、输入/输出模块、切换模块及中继模块等。

第一节　火灾报警控制器的结构及安装使用

【教学目的】

1. 了解火灾报警控制器的作用及分类。
2. 了解火灾报警控制器的功能。
3. 会火灾报警控制器的安装与施工。
4. 会火灾报警控制器的用户设置及系统设置。

【教学环节】

1. 火灾报警控制器的型号及含义

火灾报警控制器的型号一般表示为

$$①②③—④⑤—⑥$$

其中，① 是消防产品的分类代号，通常用字母 J（警）表示。

② 是火灾报警控制器的分类代号，通常用字母 B（报）表示。

③ 是应用范围特征代号，B（爆）为防爆型；C（船）为船用型；不标注时为一般型（即不是防爆型，也不是船用型）。

④ 是分类特征代号，D 为单路报警控制器；Q 为区域报警控制器；J 为集中报警控制器；T 为通用报警控制器。

⑤ 是结构特征代号，B 为壁挂式；G 为立柜式；T 为琴台式。

⑥ 为主参数，表示各报警区域的最大容量。

例如：JB—QB—GST32 型火灾报警探测器表示的内容是：壁挂式区域火灾报警控制器，该控制器的最大输出为 32 报警点，厂商是海湾（GST）。

JB—JG—60 型火灾报警探测器表示的内容是：立柜式集中火灾报警控制器，该控制器的最大输出为 60 报警点。

2. 区域火灾报警控制器的结构及功能

（1）产品介绍　区域火灾报警控制器和集中火灾报警控制器在外形上没有本质的区别，通常是根据监控范围来确定的，例如，用于一个报警区域（如某一楼层）的火灾报警控制器就称为区域报警控制器；用于相关联的多个报警区域（如一栋楼的几个楼层）的火灾报警控制器就称为集中报警控制器；用于一个建筑群的火灾报警控制器就称为报警集中控制中心（一般在物业小区的控制中心内）。一般情况下，人们常用移动式、壁挂式火灾报警控制器用作区域火灾报警控制器。壁挂（或移动）式火灾报警控制器外形图如图1-2-1所示。

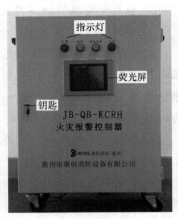

图 1-2-1　壁挂（或移动）式
火灾报警控制器外形图

（2）区域火灾报警控制器的功能　区域火灾报警控制器的主要功能如下。

1）供电功能。区域报警控制器能提供交流（220V）与直流（24V）两种电源，从而确保当交流电源突然断电后，报警器（包括探测器、模块、警报设备等）能正常工作 24h 以上。

2）主备电源自动切换功能。区域报警控制器的主电源是交流 220V 的市电，备用电源是一块 24V 的蓄电池；当市电停电或出现故障时，它能自动转换到备用电源上工作；当恢复送电或故障排除后，它又能自动转换到主电源上工作。

3）火警记忆功能。接收到火灾探测器发出的火灾报警信号后，区域报警控制器可实现下列功能：

① 对报警信号进行对比、分析及判断，并驱动警报设备报警。

② 在报警控制器的显示屏上指示火灾发生的具体位置。当按下"消音"键时，报警声消失，但显示屏上仍然存在该报警信息（或可查询到该报警信息）。

③ 通过设置打印该火灾信息。

4）消声后再声响功能。当报警控制器接收到某一探测器传来的火灾报警信号后，声光报警器会发出声音、光线等报警信号；按下"消音"键后，该声音、光线报警信号人为消声（灯也不再闪烁）。但如果有另外的探测器传来的火灾报警信号后，声光报警器又会重新发出声音、光线等报警信号。

5）控制输出功能。主要包括：

① 灭火设备的启动：确定发生火灾时，可以通过报警控制器启动喷淋设备进行灭火。

② 减灾设备启动：确定发生火灾时，可以通过报警控制器启动排烟风机、关闭防火门等措施减小火灾的危害。

6）巡线功能。传输线（包括与探测器、控制设备等的连线）发生故障（短路、断路）时，区域报警控制器会发出与火警不同的声音报警信号，并显示故障发生的具体部位，以便及时维修。

7）火警优先功能。有火灾报警信号时，能自动切除原先可能存在的其他故障报警信号，而只报火警。当火情排除后，人工将火灾报警控制器复位，其他故障仍然存在时，将再次发出故障报警信号。

8）手动检测功能。设置了手动检查试验装置，可随时或定期检查系统各部分、各环节的电路和元器件是否完好无损，系统各种检测功能是否正常。并且，手动检查完成后，系统能自动复位或手动复位。

（3）区域火灾报警控制器的组成　区域火灾报警控制器主要由输入回路、声光报警单元、自动监控单元、手动检查测试单元、电源单元及输出单元等电路组成。其结构框图如图1-2-2所示。

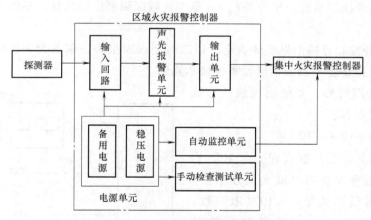

图 1-2-2　区域火灾报警控制器结构框图

工作原理： 当输入回路接收到探测器发出的火灾报警信号或故障报警信号后，通知声光报警单元发出声音、光线等报警信息并显示火灾发生的位置及时间，然后送给输出单元控制消防设备的工作状态（如消防泵的起动等）或送给集中火灾报警控制器，由集中火灾报警控制器实现消防设备或减灾设备（如广播系统由正常广播状态转换为消防广播状态等）的控制。

电源单元负责向系统提供电源，其中，为了保障停电时设备还能正常工作24h以上，还配用了备用电源。

自动监控单元可以监控火灾报警系统线路的各类故障（如有无断路、短路等现象），便于及时发现和排除故障；手动检测试验单元可以检查火灾报警系统设备（如火灾报警探测器）是否处于正常的工作状态，消除漏报及无法控制等隐患。

（4）区域火灾报警控制器的连接　火灾报警探测器直接连接到区域火灾报警控制器上。

1）多线制区域火灾报警控制器连接线数量的判定。

① 区域火灾报警控制器输入导线的确定（以二线制探测器为例说明）。如图 1-2-3 所示是区域火灾报警控制器与火灾报警探测器的连接示意图。

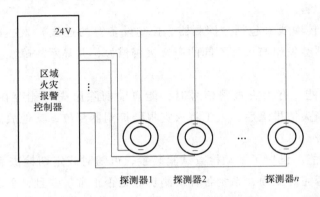

图 1-2-3　区域火灾报警控制器输入端接线示意图

根据该示意图可知，其输入导线的总数可以用下列公式计算：

$$N = n + 1$$

式中，N 是输入导线的总数，单位是根；n 是本区域探测部位的数量，单位是个；"1" 是公共电源线（24V）。

② 区域报警控制器输出导线的确定（以二线制火灾报警控制器为例说明）。如图 1-2-4 所示是区域火灾报警控制器与输出设备连接示意图。

根据该示意图可知，其输出导线的总数可以用下列公式计算：

$$N = 10 + n/10 + 4$$

式中，N 是输出导线的总数（根）；"10" 表示与集中火灾报警控制器（或火灾显示盘）相连的火灾信号线的数量；$n/10$（取整数）是巡检分组线的数量，n 是报警回路数（根）；"4" 是指地线、层巡线、故障总检线及备用线各一根。

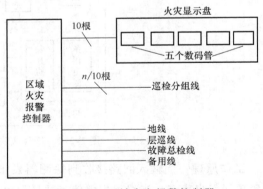

图 1-2-4　区域火灾报警控制器
与输出设备连接示意图

2）总线制区域火灾报警控制器连接线数量的判定。

① 区域火灾报警控制器输入导线的确定（以二总线制探测器为例说明）。输入线只有 Z1、Z2 两根。

② 区域火灾报警控制器输出导线的确定（以二总线制火灾报警控制器为例说明）。

输出线有 A、B 两根通信总线和若干组多线制控制线（如 C1 -、C1 +；C2 -、C2 + 等）。

3）总线制区域火灾报警控制器的接线端子。控制器接线端子示意图如图 1-2-5 所示。

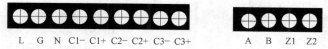

图 1-2-5 总线制区域火灾报警控制器接线端子示意图

图 1-2-5 中，L、N：接 220V 交流电源，L 接相线，N 接零线；

G：接地线；

C1−、C1＋（C2−、C2＋等）为一组，是多线制输出接线端子，每一组都与唯一的一个多线制联动设备相连接（即控制器上的一个多线制按钮对应着一个联动设备，例如：按钮 1 控制风机，按钮 2 控制水泵等）；

A、B：是 485 通信总线，连接到火灾显示盘上。

Z1、Z2：是地址总线，连接到火灾报警探测器上。

3. 集中火灾报警控制器的结构及功能

（1）产品简介 集中火灾报警控制器是一种能接收区域火灾报警控制器发来的报警信号的多路火灾报警控制器。它不但具有区域火灾报警器的功能，而且能向联动控制设备发出指令。集中火灾报警控制器通常由壁挂式、立柜式和琴台式报警控制器等充当。壁挂式火灾报警控制器的外形如图 1-2-6 所示。壁挂式火灾报警控制器的内部结构如图 1-2-7 所示，立柜式火灾报警控制器如图 1-2-8 所示，琴台式火灾报警控制器如图 1-2-9 所示。

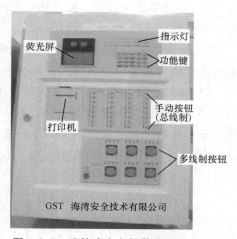

图 1-2-6 壁挂式火灾报警控制器的外形

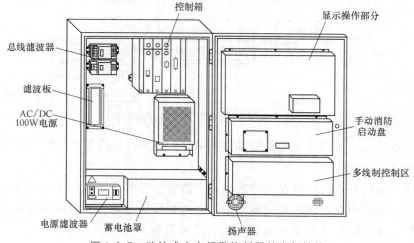

图 1-2-7 壁挂式火灾报警控制器的内部结构

（2）集中火灾报警控制器的功能 集中火灾报警控制器除了具有区域火灾报警控制器所有的功能外，还增加了以下一些功能。

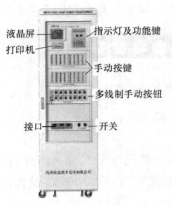

图 1-2-8　立柜式火灾报警控制器

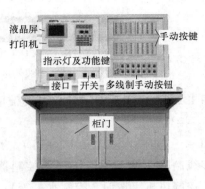

图 1-2-9　琴台式火灾报警控制器

1）计时与打印功能。能准确记录火灾发生的时间，为公安部门调查起火原因提供准确的时间数据。

2）火灾报警电话功能。利用专用电话线及时向有关部门（或公安消防部门）报告，核查火警真伪，并组织力量灭火，减小各种损失。

3）事故广播功能。发生火灾时，用以指挥人员疏散和扑救工作。

（3）集中火灾报警控制器的结构　集中火灾报警控制器主要由信号传输电路、中央处理单元、外围设备及电源四大部分组成，如图 1-2-10 所示。

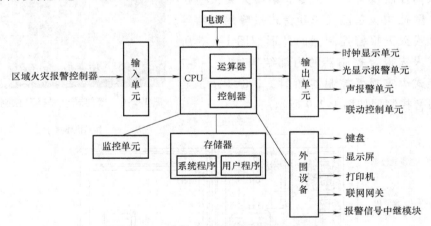

图 1-2-10　集中火灾报警控制器结构框图

其中，输入单元及输出单元属于信号传输电路；CPU、存储器及监控单元属于中央处理单元。

工作原理： 当区域火灾报警控制器发出火灾报警信号时，首先，由输入单元接收并传给中央处理单元；再由中央处理单元将传输来的火灾报警信号与设置好的程序进行比较、分析与判断；最后，通过输出单元发出警报或联动控制指令。

监控单元起着监控各类故障的作用。

（4）区域火灾报警控制器与集中火灾报警控制器的主要区别　主要区别见表 1-2-1。

4. **火灾报警控制中心的结构**

（1）产品介绍　火灾报警控制中心是由多台火灾报警控制器、消防报警电话主机、消防广播系统及消防控制盘（减灾系统、灭火系统）等组成。一般设置在小区管理中心或119中心，其外形如图1-2-11所示。

表1-2-1　区域火灾报警控制器与集中火灾报警控制器的主要区别

种类＼区别	监控区域	使用情况	连接的输入设备	检测功能
区域火灾报警控制器	较小	可单独使用	火灾报警探测器 手动报警按钮	自检
集中火灾报警控制器	较大	必须与区域火灾报警控制器一起使用	区域火灾报警控制器	自检与巡检

图1-2-11　火灾报警控制中心控制台

（2）消防控制中心的选址及布置要求

1）消防控制中心的选址。不是所有防火区域都要设置消防控制中心，只有在防火区域极大和火灾危害极大的场所才需要设置消防控制中心。

① 消防控制中心可以设置在独立的建筑内，也可以设置在建筑物内（只能设置在一层或地下一层）。而且，消防控制中心的出入口应设置明显的标志且靠近安全出口。

② 消防控制中心应设置维修室、休息室等配套房间，以方便值班人员长期值守。

③ 有条件时，消防控制中心应设置在广播、通信设施等用房附近。

④ 消防控制中心内不应穿过与消防控制无关的电气线路或管道，也不可装设与消防无关的设备。

⑤ 不应该将消防控制中心设置在厕所、锅炉房、浴室、汽车库、变压器室等房间的隔壁及上下层相对应的房间。

2）消防控制中心的布置。如图1-2-11所示，布置要求如下：

① 控制台一般排列不超过4m，且两端应设置不小于1m的通道。

② 控制台单列布置时，应留有不小于1.5m的操作通道；控制台双列布置时，应留有不小于2m的操作通道。

③ 控制台后面应留有不小于1m的维修通道。

5. 火灾报警控制器的安装

（1）火灾报警控制器的安装要求

1）对工作间而言，设备安装前土建工作、装修工作应全部完成。

2）对箱、柜而言，应做到如下几点：

① 控制器箱的底边距地（楼）面的高度不应小于1.5m，控制器柜（台）的底边宜高出地坪0.1～0.2m。

② 控制器箱、柜安装应牢固，不得倾斜。

③ 控制器箱、柜的外壳应可靠接地，且接地电阻应小于4Ω（联合接地时电阻应小于1Ω）。

④ 当采用联合接地时，应采用专用接地干线；该接地干线应采用线芯截面积不小于16mm² 的铜芯绝缘电线或电缆。

3）对线缆而言，应做到如下几点：

① 引入控制器的电线或电缆应标注清晰、配线整齐；避免交叉，并绑扎成束。

② 导线穿硬（钢）管时要注意保护，导线穿金属软管时长度不宜超过2m，并用管卡固定（固定点之间的距离不应超过0.5m）。

③ 导线通过补偿缝时，应加设补偿器。

④ 导线穿过进线管后，进线管应进行封堵。

4）安装工程完工后，应测量接地电阻，并提交工程验收报告。

（2）火灾报警控制器的安装方法

1）控制器柜、台的安装方法。具体步骤如下：

① 确定安装位置，开设电缆沟槽。

② 安装固定地脚螺钉。

③ 将控制器柜、台固定在地脚螺钉上。

④ 将控制器柜、台可靠接地。

注意：控制器台一个不够时，可以将几个基本台拼装在一起。

2）壁挂式控制器的安装。具体步骤如下：

① 确定安装位置，开设电缆槽。

② 安装固定墙脚螺钉，并将背板固定在墙脚螺钉上。

③ 将壁挂式控制器安装在背板上。

④ 将壁挂式控制器可靠接地。

第二节　消防模块的结构及安装使用

【教学目的】

1. 了解隔离模块、输入模块、输入/输出模块、切换模块及中继模块的结构及作用。

2. 掌握隔离模块、输入模块、输入/输出模块、切换模块及中继模块的安装及使用方法。

3. 能识读输入模块、输入/输出模块、切换模块的接线图。

【教学环节】

一、隔离模块的安装及应用

隔离模块主要用于总线制线路中，当线路中有短路故障发生时，隔离模块能"屏蔽"掉发生短路事故的元器件或部分，从而保障总线上的其他设备正常工作。待到故障修复后，隔离模块可以将被"屏蔽"的元器件或部分重新纳入系统。另外，使用隔离模块还便于准确显示发生短路故障的确切位置。

1. 产品介绍

隔离模块又称为隔离器，其外形如图 1-2-12 和图 1-2-13 所示。

图 1-2-12　总线隔离器

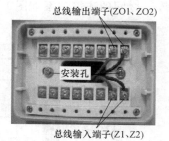

图 1-2-13　总线隔离器底座

图 1-2-13 中，Z1、Z2 为输入信号总线，无极性；ZO1、ZO2 为输出信号总线，无极性。

2. 隔离模块（器）的特点及工作原理

（1）特点

1）总线故障排除后，可通过程序设置将被隔离出去的部分重新纳入系统。

2）输入、输出信号无极性。

（2）工作原理　当隔离器输出所连接的电路发生短路故障时，隔离器电路中的自复式熔丝断开，同时内部电路中的继电器吸合，将隔离器输出所连接的电路完全断开。在总线短路故障修复好后，继电器释放，自复式熔丝恢复导通，隔离器输出所连接的电路重新纳入系统。

3. 隔离模块（器）的安装及布线

（1）安装　隔离器采用明装方式（线管及接线盒有暗装及明装两种方式），如图 1-2-14 和图 1-2-15 所示。

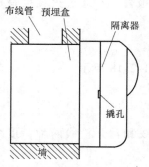

图 1-2-14　隔离器的明装（线管暗装）

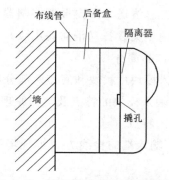

图 1-2-15　隔离器的明装（线管明装）

（2）安装步骤

1）（线管）暗装时，在土建施工中就要敷设好线管和埋好预埋盒；（线管）明装时，需要在墙面敷设好线管和在墙面固定好后备盒。

2）将隔离器底座安装在预埋盒（或后备盒）上，但要注意安装方向（保证底座上的文字向上）。

3）将隔离器插接在底座上，同样要注意安装方向（保证隔离器上文字向上）。

（3）布线

1）布线方法：火灾报警控制器、总线隔离器及总线设备（包括火灾报警探测器、声光报警器等）之间的连接关系如图 1-2-16 所示。

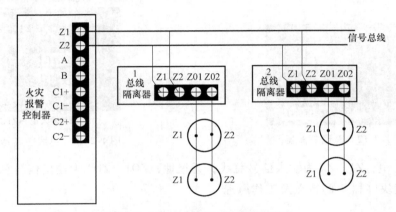

图 1-2-16　总线隔离器接线示意图

2）布线要求：信号总线应选择截面积大于或等于 $1.0mm^2$ 的 RVS 双绞线。

二、输入模块的安装与使用

输入模块的作用是接收消防联动设备输入的现场报警信号，并将该信号传输给火灾报警控制器。它适用于一些无法编写地址码的现场主动型（联动）设备（输入模块可以给所连接的现场主动型设备提供一个地址码），如消火栓按钮（老式）、水流指示器、压力开关、位置开关、防火阀、信号阀及能够送回开关信号的外部联动设备等。当这些外部联动设备动作后（如消防泵工作后，水流指示器显示水流量不足），输出的动作信号可以由输入模块通过信号二总线送入火灾报警控制器，产生（水流量不足）报警，并通过火灾报警控制器来联动其他相关设备（消防备用泵）动作。

1. 产品简介

输入模块由模块和底座两部分组成，如图 1-2-17 和图 1-2-18 所示。

2. 输入模块的特点及工作原理

（1）特点

1）输入端的检线方式可现场设置（常见的有常闭检线和常开检线两种，接线方法不同）。

2）输入模块的地址码是由电子编码器事先写入的，写好后，每个输入模块都对应唯一的一个地址码。

3）输入模块中的微处理器可以将正常、动作、故障等输入模块的三种形式传给火灾报警控制器。

4）由于输入模块采用模块与底座插接的方式，所以接触可靠、施工方便。

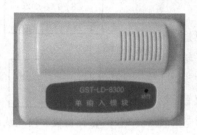

图 1-2-17　模块外形

图 1-2-18　底座

（2）工作原理　输入模块将现场联动设备反馈来的模拟量信号转换为火灾报警控制器能识别的数字信号，并在数字信号前加设地址信息，使火灾报警控制器能方便地识别信号取自哪一个现场联动设备。

另外，输入模块还加设了微处理器，负责对信号的逻辑状态进行判断，并将对该逻辑状态进行处理，分别以正常、动作、故障三种形式传给火灾报警控制器。

3. 输入模块的安装、检测与布线

（1）安装

1）输入模块一般采用明装（注：线路、预埋盒暗装；底座、模块明装），在土建施工中就要敷设好线管和埋好预埋盒，如图 1-2-19 所示。

2）将输入模块的底座安装在预埋盒上，但要注意安装方向（保证底座上的文字向上）。

3）先对输入模块进行编码操作，然后将模块插接在底座上，同样要注意安装方向（保证隔离器上文字向上）。

注：给输入模块编码操作方法如下。

① 取一台电子编码器，并将电子编码器的两个鳄鱼夹分别与输入模块的总线端子 Z1、Z2 连接起来。

② 打开电子编码器的电源开关，在待机状态下，输入该模块的地址码（取值范围为 1 ～ 242），然后按下"编码"键。

③ 等待一会儿，显示屏上显示"P"，表示编码成功；显示"E"则表示编码失败，按下"清除"键回到待机状态，重新编码。

（2）检测　为了保障输入模块的正常工作，一般要在模块安装完成后或使用过程中每年至少进行一次模块的检测。检测方法主要是检线。

检线方法如下：

1）首先在火灾报警控制器上对输入模块进行注册。

2）"常开检线"主要是检测输入线路有无出现断路故障。方法如下：首先，按图 1-2-20 所示，接好输入模

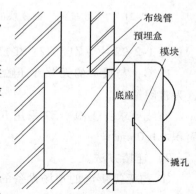

布线管
预埋盒
模块
底座
撬孔

图 1-2-19　输入模块安装示意图

块；然后，利用火灾报警控制器将模块的参数设定为"常开检线"输入；最后，观察火灾报警控制器的显示屏上有无模块上报的故障信息，"有"说明连接模块的线路出现断路，"无"说明连接模块的线路正常。

3）"常闭检线"主要是检测输入线路有无出现短路故障。方法如下：首先，按图 1-2-21 所示，接好输入模块；然后，利用火灾报警控制器将模块的参数设定为"常闭检线"输入；最后，观察火灾报警控制器的显示屏上有无模块上报的故障信息，"有"说明连接模块的线路出现短路，"无"说明连接模块的线路正常。

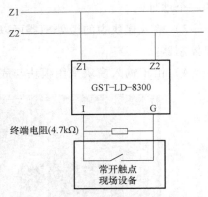

图 1-2-20 "常开检线"时模块的接法

4）模块连接是否"正确"测试，让模块所配接的设备发出动作信号或给模块输入一个模拟的动作信号，模块能正确接收并将动作信息传到火灾报警控制器，动作指示灯点亮；当动作信号撤销时，动作指示灯熄灭，模块上报正常信息。

以上测试全部通过，说明输入模块连接正确，可以正常使用。

（3）布线

1）接线端子介绍。模块底座的接线端子如图 1-2-22 所示。

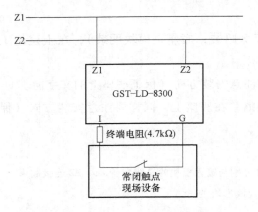

图 1-2-21 "常闭检线"时模块的接法

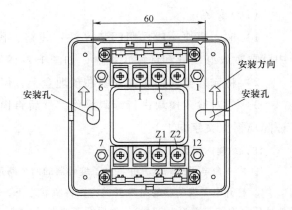

图 1-2-22 模块底座结构示意图

图 1-2-22 中，Z1、Z2：接控制器两总线，无极性；

I、G：与设备的无源常开触点（闭合动作报警型设备）连接，也可通过电子编码器设置为常闭输入。

布线要求：①Z1、Z2 采用 RVS 型双绞线，截面积$\geq 1.0\mathrm{mm}^2$；②I、G 采用 RV 软线，截面积$\geq 1.0\mathrm{mm}^2$。

2）连接方法。

① 与无需供电的现场设备的连接方法如图 1-2-23 所示。

② 与需要供电的现场设备的连接方法如图 1-2-24 所示。

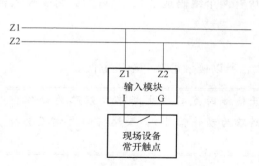

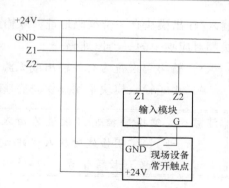

图 1-2-23　输入模块连接方法　　　　图 1-2-24　输入模块连接方法
　　接线图（不需要电源）　　　　　　　　接线图（需要电源）

三、输入/输出模块的安装与使用

输入/输出模块主要用于火灾报警控制器向现场设备发出指令的信号，同时也可以接收从现场设备返回的动作应答信号，常用于总线控制电路中，和输出类非编码（执行）设备"成对"出现。输入/输出模块有单输入/输出模块、双输入/输出模块之分。其中，单输入/输出模块有一路无源输入，一路有源输出，常用于排烟阀、送风阀、防火阀及防火卷帘门等现场设备。双输入/输出模块有两路无源输入，两路有源输出，常用于防火卷帘门等需要二次启动的设备上，例如，输入/输出模块既能对防火卷帘门下达降落一半的指令，也可以对防火卷帘门下达降落到底的指令；同时又能将防火卷帘门下降的位置（上、中、下）反馈给火灾报警控制器。

1. 产品介绍

（1）单输入/输出模块　单输入/输出模块的正面、反面、底座如图 1-2-25、图 1-2-26 及图 1-2-27 所示。

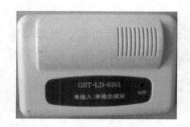

图 1-2-25　模块外形图（正面）

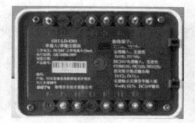

图 1-2-26　模块外形图（反面）

图 1-2-27　底座外形图

（2）双输入/输出模块　双输入/输出模块如图 1-2-28 所示。

2. 输入/输出模块的特点及工作原理

（1）特点

1）输入端、输出端均有检线功能（输入端检线功能有常闭检线、常开检线和自回答方式）。

2）输入模块的地址码是由电子编码器事先写入的（单

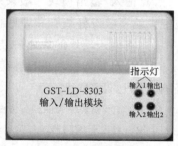

图 1-2-28　模块外形图

输入/输出模块有一个编码地址，双输入/输出模块有两个编码地址），写好后，每个输入模块都对应唯一的一个地址码。

3）输出可设置为有源输出或无源输出。

4）由于输入模块采用模块与底座插接的方式，所以接触可靠、施工方便。

> **注意**：火灾报警控制器设置为输入检线，常开检线时线路发生断路（短路为动作信号）、常闭检线时输入线路发生短路（断路为动作信号），模块将向火灾报警控制器发送故障信号。

火灾报警控制器设置为输出检线，输出线路发生短路、断路，模块将向火灾报警控制器发送故障信号。

（2）工作原理

1）单输入/输出模块的工作原理（排烟阀、防火阀等单输出信号）。

模块接收到火灾报警控制器的启动命令后，吸合输出继电器，现场设备得电工作，并点亮模块上的指示灯。另外，现场设备上的传感器将设备的动作应答信号（包含位置及状态信号）传到火灾报警控制器显示。

此外，模块内嵌装了微处理器，微处理器还能够实现与火灾报警控制器通信、电源总线掉电检测、输出控制、输入信号逻辑状态判断、输入输出线故障检测、状态指示灯控制等功能。

2）双输入/输出模块的工作原理（卷帘门等双输出信号）。

模块接收到火灾报警控制器的第一个启动命令后，吸合输出继电器1，现场设备得电进行第一阶段工作（如工作卷帘门下降一半），并点亮模块上的指示灯1；第二个启动信号到达时，吸合输出继电器2，现场设备得电进行第二阶段工作（如工作卷帘门降到底）；并点亮模块上的指示灯2。另外，现场设备上的传感器将设备的动作应答信号（包含位置及状态信号）传到火灾报警控制器显示。

此外，模块内嵌装了微处理器，微处理器还能够实现与火灾报警控制器通信、电源总线掉电检测、输出控制、输入信号逻辑状态判断、输入输出线故障检测、状态指示灯控制等功能。

3. 输入/输出模块的安装、检测与布线

（1）安装

1）输入/输出模块一般采用明装（注：线路、预埋盒暗装；底座、模块明装），在土建施工中就要敷设好线管和埋好预埋盒，如图1-2-29所示。

2）将输入模块的底座安装在预埋盒上，但要注意安装方向（保证底座上的文字向上）。

3）先对输入模块进行编码操作，然后将模块插接在底座上，同样要注意安装方向（保证隔离器上文字向上）。

注：给输入模块编码的操作方法如下。

① 取一台电子编码器，并将电子编码器的两个鳄鱼夹分别与输入/输出模块的总线端子 Z1、Z2 连接起来。

② 打开电子编码器的电源开关，在待机状态下，输入该模块的地址码（取值范围为 1~242，双输入/输出模块的取值范围为 1~241），然后按下"编码"键。

③ 等待一会儿，显示屏上显示"P"，表示编码成功；显示"E"则表示编码失败，按下"清除"键回到待机状态，重新编码。

> **注意**：双输入/输出模块占用两个地址编码，第二个地址编码是在第一个地址码的基础上加一。且每个地址码都可以单独接收火灾报警控制器的启动命令。

（2）检测

1）为了保障输入模块的正常工作，一般要在模块安装完成后或使用过程中每个月至少进行一次模块的检测。

2）模块在进行测试之前，应通知有关管理部门，并对控制器进行适当处理，防止出现不期望的报警联动。

3）测试：在注册完成且监测状态下模块正常时，通过火灾报警控制器直接启动或联动启动现场设备。

如果现场设备动作正常，模块输出指示灯常亮；

如果现场设备有动作回答信号，模块能正确接收，模块输入指示灯常亮；

当火灾报警控制器撤销启动命令后，模块输出指示灯熄灭；

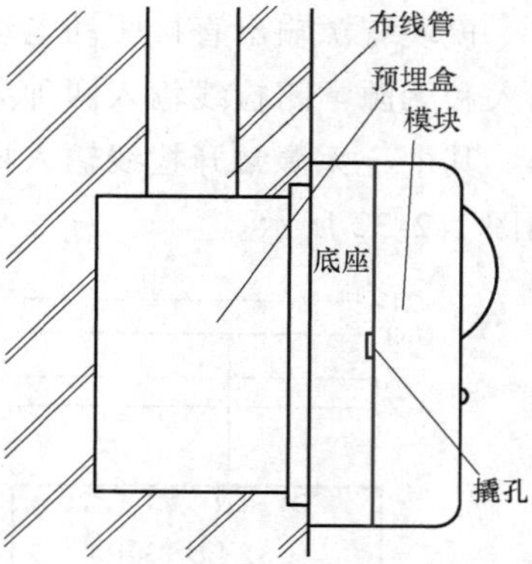

当现场设备撤销动作后，模块输入指示灯熄灭，模块上报正常信息；

如上述情况均正常，则说明模块工作正常。

4）测试结束后，通过火灾报警控制器复位模块，并通知有关管理部门系统恢复正常。

5）在测试过程中对不合格的模块应检验其接线是否正常，然后再进行测试，如仍不能通过测试，则应返回维修。

（3）布线

1）单输入/输出模块

① 接线端子介绍。模块底座的接线端子如图 1-2-30 所示。

图 1-2-30 中，Z1、Z2：接控制器两总线，无极性；

I、G：与设备的无源常开触点（闭合动作报警型设备）连接，用于实现设备动作回答确认（也可通过电子编码器设置为常闭输入）；

D1、D2：为 DC24V 电源，无极性；

G、NG、V+、NO：为 DC24V 有源输出辅助端子，出厂时已将 G 和 NG 短接，V+ 和 NO 短接；如果需要无源输出端子时，应将 G、NG、V+、NO 之间的短接片断开；

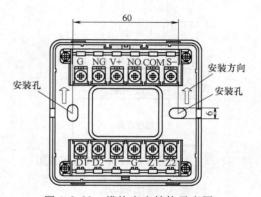

图 1-2-29 输入模块安装示意图

图 1-2-30 模块底座结构示意图

COM、S－：为有源输出端子，启动后输出 DC24V，COM 为正极，S－为负极；

COM、NO：为无源输出端子。

布线要求：

Z1、Z2 采用 RVS 型双绞线，截面积≥1.0mm²；

I、G 采用 RV 软线，截面积≥1.0mm²；

G、NG、V＋、NO、COM、S－、I 采用 RV 软线，截面积≥1.0 mm²。

②连接方法。连接方法有模块有源输出控制及模块无源输出控制（现场设备）两大类。模块有源输出直接驱动电动脱扣式设备（如排烟阀及防火阀等）又分为无源常开检线输入和无源常闭检线输入两种方式。

其中，无源常开检线输入接线示意图如图 1-2-31 所示，无源常闭检线输入接线示意图如图 1-2-32 所示。

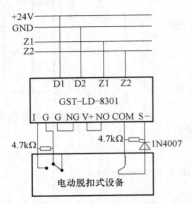

图 1-2-31　无源常开检线输入接线示意图

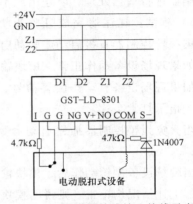

图 1-2-32　无源常闭检线输入接线示意图

模块无源输出控制现场设备又分为无源常开检线输入和无源常闭检线输入两种方式。

其中，无源常开检线输入接线示意图如图 1-2-33 所示，无源常闭检线输入接线示意图如图 1-2-34 所示。

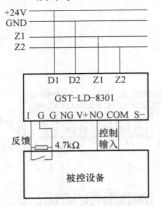

图 1-2-33　无源常开检线输入接线示意图

图 1-2-34　无源常闭检线输入接线示意图

2）双输入/输出模块。

①接线端子介绍。模块底座的接线端子如图 1-2-35 所示。

其中，Z1、Z2：接控制器两总线，无极性；

D1、D2：为 DC24V 电源，无极性；

I1、G：第一路无源输入端；

I2、G：第二路无源输入端；

S1 +、S1 -：第一路有源输出端子；

S2 +、S2 -：第二路有源输出端子。

布线要求：

Z1、Z2 采用 RVS 型双绞线，截面积 $\geqslant 1.0\text{mm}^2$；

I、G 采用 RV 软线，截面积 $\geqslant 1.0\text{mm}^2$；

I1、G、I2、G、S1 +、S1-、S2 +、S2 - 采用 RV 软线，截面积 $\geqslant 1.0\text{mm}^2$。

②连接方法。模块与双切换模块（型号为 GST-LD-8302A）组合连接方法如图 1-2-36 所示。

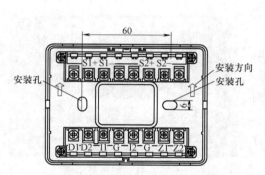

图 1-2-35 模块底座结构示意图

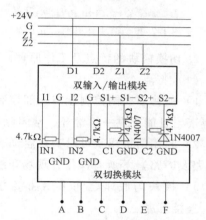

图 1-2-36 模块与双切换模块组合连接示意图

模块与防火卷帘门电气控制箱组合连接方法，包括无源常开检线输入与无源常闭检线输入两种方式。无源常开检线输入接线示意图如图 1-2-37 所示，无源常闭检线输入接线示意图如图 1-2-38 所示。

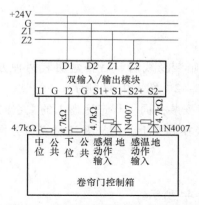

图 1-2-37 无源常开检线输入接线示意图

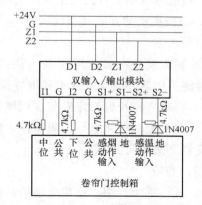

图 1-2-38 无源常闭检线输入接线示意图

四、切换模块的安装及应用

切换模块主要用于重要设备的启动、停止控制。常与具有断路、短路检测功能的多线制控制盘配合使用。常用于多线制线路中。

1. 产品介绍

切换模块是接在火灾报警控制器与被控现场设备之间用于交直流隔离及启动的接口部件，由模块与底座两部分组成，模块如图1-2-39、图1-2-40所示，底座如图1-2-41所示。

图1-2-39 模块外形图（正面）

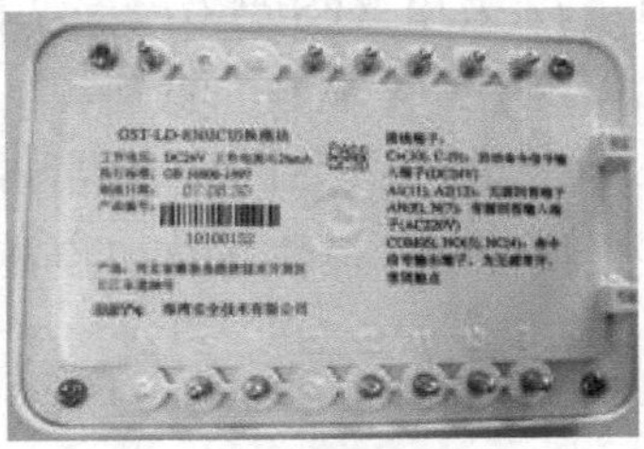

图1-2-40 模块外形图（反面）

2. 切换模块的特点及工作原理

（1）特点

1）能将多线制控制盘与外部控制设备进行电气隔离，且能提供一组常开、常闭触点。

2）只用两根线就可以实现启动、应答及检测（短路及断路）等所有操作，现场布线简洁。

3）模块与底座之间采用插接方式，施工方便，连接可靠。

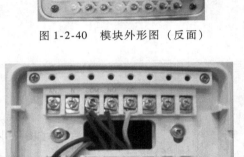

图1-2-41 底座外形图

（2）工作原理 当切换模块接收到火灾报警控制器的手动按钮（通过多线制控制盘）发出的启动信号时，切换模块的常开触点闭合，常闭触点断开；从而使现场设备动作。另外，切换模块上采用了光电隔离元件，能够实现输入端与输出端的电气隔离（即发生故障时，输出端的强电电压也不会传入输入端的弱电电压中，强电电压不会对火灾报警控制器造成损害）。

3. 切换模块的安装及布线

（1）安装

1）输入模块一般采用明装（注：线管、预埋盒暗装及线管、后备盒明装两种方式），在土建施工中就要敷设好线管和埋好预埋盒，如图1-2-42、图1-2-43所示。

2）将输入模块的底座安装在预埋盒上，但要注意安装方向（保证底座上的文字向上）。

3）先对输入模块进行编码操作，然后将模块插接在底座上，同样要注意安装方向（保证隔离器上文字向上）。

（2）布线

1）接线端子介绍。模块底座的接线端子如图1-2-44所示。

其中，C＋、C－：启动命令信号输入端子（DC24V）；

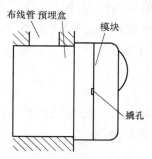

图 1-2-42　模块明装（线管暗装）安装图　　　　图 1-2-43　模块明装（线管明装）安装图

A1、A2：常开无源回答信号输入端子；

以上为弱电端子。

AN、N：有源回答信号输入端子（AC220V）；

COM、NO、NC：命令信号输出端子，（COM、NO）为无源常开触点，（COM、NC）为无源常闭触点（5A，AC220V）；

以上为强电端子。

布线要求：各端子外接线采用 RV 软线，截面积≥1.5 mm²。

2）线路连接。利用切换模块实现对交流设备（如消防水泵）的起停控制。

如图 1-2-45 所示是切换模块控制消防水泵的电路图，其中，J1-1 是第一个切换模块的命令信号常开输出端子，J2-1 是第二个切换模块的命令信号常闭输出端子，"NA1、N1"是第一个切换模块的有源回答输入端子。

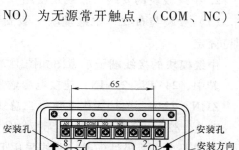

图 1-2-44　模块底座结构示意图

该消防水泵既可以手动起动，又可以用程序起动。

手动起动时，通过起动按钮（可以是安装在消防栓箱的消防栓报警按钮，也可以是泵房的常开按钮）使接触器 KM1 的线圈得电吸合，接触器 KM1 的主触点闭合，消防水泵得电工作。另外，接触器 KM1 的常开辅助触点 KM1-1 闭合，有源回答输入端子接入线路，反馈消防水泵的工作状态。

程序启动时，通过火灾报警控制器事先编好程序，当满足启动程序所要求的条件时，切换模块 1 的命令输出端子中的无源常开触点 J1-1 闭合，接触器 KM1 的线圈得电吸合，接触器 KM1 的主触点闭合，消防水泵得电工作。另外，接触器 KM1 的常开辅助触点 KM1-1 闭合，切换模块 1 的有源回答输入端子接入线路，反馈消防水泵的工作状态。

当满足停止程序所要求的条件时，切换模块 2

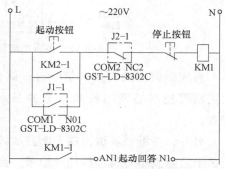

图 1-2-45　切换模块应用电路

的命令输出端子中的无源常闭触点 J2-1 断开，接触器 KM1 的线圈失电释放，接触器 KM1 的主触点断开，消防水泵失电停转。另外，接触器 KM1 的常开辅助触点 KM1-1 断开，切换模块 1 有源回答输入端子脱离线路，不用再反馈消防水泵的工作状态。

五、中继模块的安装及应用

中继模块可作为总线信号输入与输出之间的电气隔离，完成探测器总线的信号隔离传输。中继模块具有增强系统抗干扰能力及扩展探测器总线通信距离等功能。

1. 产品介绍

中继模块用于总线处在有比较强的电磁干扰的区域及总线长度超过 1000m 需要延长总线通信距离的场合。外形如图 1-2-46 所示。

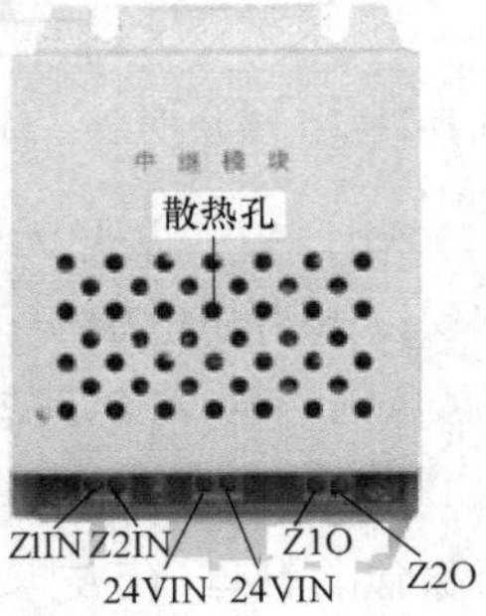

2. 中继模块的安装、布线及使用

（1）安装与布线　中继模块一般安装在现场的墙壁上，用 M3 螺钉固定。

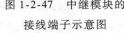

图 1-2-46　中继
模块外形图

中继模块的接线端子示意图如图 1-2-47 所示。

其中，24VIN、24VIN：连接电源输入端子；

Z1IN、Z2IN：连接无极性信号二总线输入端子；

Z1O、Z2O：隔离（连接）无极性信号二总线输出端子。

布线要求：无极性信号二总线采用 RVS 双绞线，截面积≥1.0mm²；电源线采用 BV 线，截面积≥1.5mm²。

（2）使用　编码中继模块一般配合一些非编码设备使用，编码中继模块占用一个编码地址，一只编码中继模块可以带数量不超过 15 只的非编码设备。

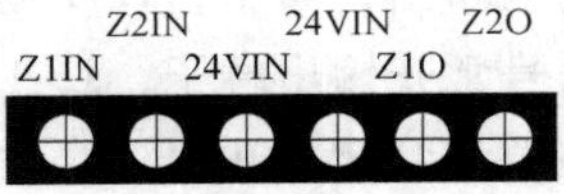

图 1-2-47　中继模块的
接线端子示意图

编码中继模块与非编码设备（如非编码探测器）配合使用接线示意图如图 1-2-48 所示。

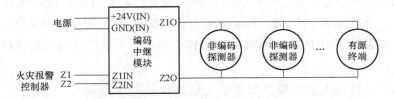

图 1-2-48　编码中继模块与非编码探测器配合使用接线示意图

当探测器探测到火灾信号时，就会通过中继模块将火灾信号传送给火灾报警控制器，火灾报警控制器发出警报信号并显示中继模块的地址编号，方便查询火灾发生的具体位置。

另外，中继模块输出端有断路故障时，有源终端将断路信号反馈回来，火灾报警控制器上显示故障及中继模块的地址编号。当线路上某一个探测器被取下来时，此时，只报故障，而不影响系统的正常工作。

第三节　火灾报警控制器的设置、查询与操作

【教学目的】

1. 学会火灾报警控制器的开、关机操作。

2. 学会设备状态的查询。

3. 学会"用户系统"的一些简单操作。

4. 学会"管理员系统"的一些简单操作。

【教学环节】

火灾报警控制器的操作包括开关机操作、系统查询、"用户系统"操作、"管理员系统"操作等基本内容。下面以 THPXL-1 型火灾报警控制器为例加以说明（其他类型的火灾报警控制器的操作原理一样，但操作步骤不同，方法详见说明书）。

一、火灾报警控制器的开、关机操作

1. 开机操作

1）用钥匙打开火灾报警控制器的柜门，如图 1-2-49 所示。

2）按顺序依次接通"主电开关""备电开关"及"工作开关"，如图 1-2-50 所示。

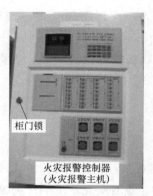

图 1-2-49　火灾报警控制器外形图

图 1-2-50　火灾报警控制器内部结构图

3）开机后，系统进入"自检"状态，一分钟后显示屏上会显示系统的工作状态（即正常、故障、启动及屏蔽等），如图 1-2-51 所示。

2. 关机操作

关机操作步骤与开机操作步骤正好相反。

二、火灾报警控制器的用户操作

1. 时间设置操作

时间设置操作的具体步骤如下：

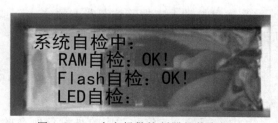

图 1-2-51　火灾报警控制器的状态界面

1）按下火灾报警控制器面板上的"系统设置"键，根据需要输入密码（如"20080808"）。火灾报警控制器的功能键区如图1-2-52所示。

注：荧光屏上显示"输入密码"时，就输入；否则，不需要输入密码。

2）在出现的设置画面中，选择"时间设置"操作（即按下数字键"1"）。

3）在出现的时间设置画面中，按动"窗口切换"键，选择要修改的内容。

注：该功能键部分是双功能，即在待机状态下，按下选择的是下面的功能（"系统设置"键，待机按下选择的是"系统设置"功能）。操作设置状态时，按下该键选择的是左上角的功能（即此时选择的是数字"9"）。

2. 密码设置操作

例如：将用户密码由"20080808"（原密码）修改为"88888888"（新密码）。

具体步骤如下：

1）按下火灾报警控制器面板上的"系统设置"键，输入原密码（即"20080808"）。

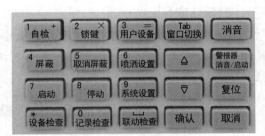

图 1-2-52　火灾报警控制器的功能键

2）在出现的设置画面中，选择"修改密码"操作（即按下数字键"2"）。

3）在出现的新设置画面中，选择"用户密码"操作（即按下数字键"1"）。

4）按下火灾报警控制器面板上的"确认"键，在出现的画面中，输入新密码（即"88888888"）。

5）再次按下"确认"键，在出现的画面中，再输入一次新密码（即"88888888"），最后一次按下"确认"键。

6）此时，荧光屏上如果显示"管理设置成功"，表明新密码设置完成；否则，重新设置一次。

3. 信息查询

1）火灾报警查询。

① 按下火灾报警控制器上的"记录查询"键。

② 在荧光屏上出现的画面中，选择"1—火警记录检查"（即按下数字键"1"）。

③ 通过按动火灾报警控制器上的"△"或"▽"键，查看荧光屏上的火灾报警信息。

2）运行记录查询。

① 按下火灾报警控制器上的"记录查询"键。

② 在荧光屏上出现的画面中，选择"2—运行记录检查"（即按下数字键"2"）。

③ 通过按动火灾报警控制器上的"△"或"▽"键，查看荧光屏上的"隔离""开机""关机""取消隔离""启动""停止"与"故障"等相关信息。

3）"二次码"及查询结果说明。

"二次码"：即用户编码，一般由六位0～9的数字组成。它是表达设备所在的特定位置的一组数字。

其中，第一、二位数对应的是设备所在的楼层号，取值范围为0～99。"0"表示未定义；"99"表示地下一层，"98"表示地下二层，依次类推；"1"表示地上一层，"2"表示地上二层，依次类推。

第三位数对应的是设备所在的楼号，取值范围为 0~9。"0"表示未定义；"1"表示 1号楼，"2"表示 2 号楼，依次类推。

第四、五、六位数对应的是设备所在的地址码（即设备所在的房间号或其他可以标识特征的编码），取值范围为 0~999。"000"表示未定义；"001"表示 1 号房，"002"表示 2号房，依次类推。

"设备类型"即设备类型代码，一般由两位 0~9 的数字组成，取值范围为 00~64。其中"02"表示感温探测器，"03"表示感烟探测器，"19"表示排烟风机，"40"表示火灾显示盘等。

例如：

查询结果说明，如图 1-2-53 所示，其表示的内容表明，一号楼（或称为一区）一层 9号房的声光报警器启动。

图 1-2-53　查询界面

4. 隔离设备操作

以火灾报警系统中的某一个"感温探测器"为例说明操作步骤。

1）隔离操作。

① 将该感温探测器从试验台上取下来，用读码器读出该感温探测器的（三位）地址码（选择范围为 1~242）。

② 按下火灾报警控制器上的"屏蔽"键，并且输入该感温探测器的"地址码+设备类型代码"。

③ 按下火灾报警控制器上的"确定"键，即完成了屏蔽设备的操作。

④ 此时火灾报警控制器的荧光屏上就会显示该感温探测器的屏蔽信息。

2）取消隔离操作。

① 按下火灾报警控制器上的"取消屏蔽"键，并且输入该感温探测器的"地址码 + 设备类型代码"。

② 按下火灾报警控制器上的"确定"键，即完成了取消屏蔽设备的操作。

5. 选择打印操作的方式（以自动打印为例说明）

1）按下火灾报警控制器上的"系统设置"键（注：打不开界面时要输入用户密码）。

2）在荧光屏上出现的打印设置画面中，选择"1—打印控制"（即按下数字键"1"）。

3）在荧光屏上出现的新打印方式设置画面中，选择"2—自动打印"（即按下数字键"2"）。

4）按下火灾报警控制器上的"确定"键，即完成了打印方式设置的操作。

5）等待一段时间或按下火灾报警控制器上的"取消"键，返回主操作界面。

三、火灾报警控制器的管理员操作

（一）设备定义操作

1. 设备定义的内容

火灾报警控制系统中，每个设备都对应一个原始编码和一个现场编码；其中，设备定义就是对设备的现场编码进行设定。

现场编码包括键值、二次码、设备类型、设备特征和设备汉字信息。

"键值"是指设备对应的手动盘按键号（注：当无手动盘与该设备相对应时，键值设置为"00"）。

"二次码"又称为用户编码，是一组表示被编码的设备的位置以及与位置相关的数字，它由 0～9 的六位数字组成。编码方式如下：

第一、二位数对应设备所在的楼层号，取值范围为 0～99。有地下建筑时，一般规定地下一层为 99，地下二层为 98，依次类推。

第三位对应设备所在的楼区号，取值范围为 0～9（其中"0"表示未定义）。一般可以将一栋楼看成一个楼区。

第四、五、六位数对应设备所在的房间号，取值范围为 0～999。火灾显示盘的编码方式与此不同。

"设备类型"即为设备类型代码，取值范围为 0～85。例如，"02"表示点型感温探测器，"03"表示点型感烟探测器，"13"表示讯响器，"20"表示送风机等。

"设备特征"是可变配置设备的设备配置代码。如"阈值""输出方式"等信息。

例如：如图 1-2-54 是设备定义的画面，从中可以读出下列现场编码信息。

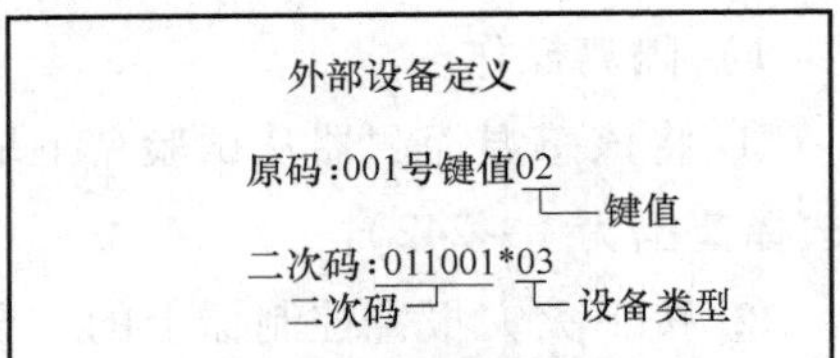

键值"02"表明点型感烟探测器对应手动盘的二号按键，即按下手动盘的二号按键相当于点型感烟探测器探测到火灾信号。

外部设备定义

原码:001号键值02
└─ 键值

二次码:011001*03
└二次码┘ └─ 设备类型

点型感烟【1阈值1】
└─ 设备特性

图 1-2-54 外部设备定义画面（示意图）

二次码"011001"表明该探测器安装在1号楼1层1号房间。

设备类型"03"表明该设备为点型感烟探测器。

设备特性"1"表明点型感烟探测器的灵敏度等级。

2. 设备定义操作步骤

包括：设备连续性定义与设备继承性定义两种操作。其中设备连续性定义的操作步骤如下。

（1）操作步骤框图 连续性定义操作步骤框图如图1-2-55所示。

开始 → 外部设备格式化 → 设备定义 → 外部设备注册 → 设备"手动启动"允许 → 结束

图1-2-55 连续性定义操作步骤框图

（2）操作步骤

1）外部设备格式化。

① 按下火灾报警控制器面板上的"系统设置"键，通过按动火灾报警控制器面板上的"窗口切换"键来选择合适的画面。

② 当荧光屏上出现"调试状态"选项时，选中它（即按下数字键"6"），在出现的新的画面中，通过按动火灾报警控制器面板上"窗口切换"键来选择合适的画面。

③ 当荧光屏上出现"恢复出厂设置"选项时，选中它，并输入密码"20080808"，然后按下火灾报警控制器面板上的"确认"键。

④ 当荧光屏上出现"整机初始化"选项时，选中它（即按下数字键"2"），然后等待"初始化"工作的完成。

2）设备定义。

① 按下火灾报警控制器面板上的"系统设置"键，通过按动火灾报警控制器面板上的"窗口切换"键来选择合适的画面。

② 当荧光屏上出现"设备定义"选项时，选中它（即按下数字键"4"），如图1-2-56所示。

③ 当荧光屏上出现"设备连续性定义"选项时，选中它（即按下数字键"1"）。

④ 当荧光屏上出现"外部设备定义"选项时，选中它（即按下数字键"1"）。

⑤ 按下火灾报警控制器面板上的"确认"键。

⑥ 在荧光屏上出现的画面中，通过按动火灾报警控制器面板上的"窗口切换"键来移动光标的位置，选择"键值""二次码""设备代码"及"触发方式"等选项并设置。

⑦ 按下火灾报警控制器面板上的"确认"键。

⑧ 等待一段时间，再按下火灾报警控制器面板上的"取消"键，完成设备定义。

3）外部设备注册。

① 按下火灾报警控制器面板上的"系统设置"键，通过按动火灾报警控制器面板上的"窗口切换"键来选择合适的画面。

② 当荧光屏上出现"调试状态"选项时，选中它（即按下数字键"6"）。

③ 当荧光屏上出现"设备直接注册"选项时，选中它（即按下数字键"1"）。

④ 当荧光屏上出现"外部设备注册"选项时，选中它（即按下数字键"1"）。然后耐心等待注册操作完成。

4）手动启动。

① 按下火灾报警控制器面板上的"用户设置"键，通过按动火灾报警控制器面板上的"窗口切换"键来选择合适的画面。

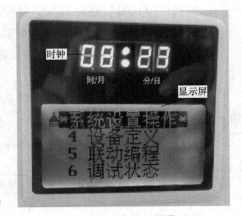

图 1-2-56　系统设置操作画面

② 当荧光屏上出现"启动控制"选项时，选中它（即按下数字键"2"）。

③ 当荧光屏上出现"手动启动控制"选项时，选中它（即按下数字键"1"）。当荧光屏上出现"允许手动"选项时，选中它。

④ 当荧光屏上出现"报警输出控制"选项时，选中它（即按下数字键"3"）。当荧光屏上出现"火警自动输出"选项时，选中它。

⑤ 按下火灾报警控制器面板上的"确认"键。

（二）火灾报警控制器的联动编程操作

1. 联动公式的格式

（1）联动公式的定义　联动公式是用来定义系统中报警信息与被控设备间联动关系的逻辑表达式。即当系统中的探测设备报警或被控设备的状态发生变化时，控制器可按照这些逻辑表达式自动对被控设备执行"立即启动""延时启动"或"立即停止"等操作。

（2）相关格式　联动公式由等号分为前后两部分。前面为条件，由用户编码、设备类型及关系运算符组成；后面为执行结果，由用户编码、设备类型及延时启动时间组成。

注意：

1）关系运算符有"+"（代表逻辑或）与"×"（代表逻辑与）两种。
其中，逻辑或的含义是只要满足其中一个条件就能"实现"结果；而逻辑与的含义是所有的条件都满足时才能"实现"结果。
2）等号有四种表达方式，即"="" = ="" = ×"" = = ×"四种。
其中，"="" = ="代表启动操作；" = ×"" = = ×"代表停止操作。
表达式用"="" = ×"时，被联动设备只有在"全部自动"状态下才可以进行联动操作；表达式用" = ="" = = ×"时，被联动设备在"全部自动"及"部分自动"两种状态下均可以进行联动操作。
3）通配符"*"：可以表示 0～9 之间的任何一个数字。

（3）举例

【例1】 解释下列逻辑表达式。

01001103+02001103=01001213 00 01001319 10

二次码　二次码　二次码　　二次码

设备类型　设备类型　设备类型　　设备类型

延时时间　延时时间

当一层楼 11 号（房）的光电感烟探测器或二层楼 11 号（房）的光电感烟探测器之中任意一个条件满足（即接收到火灾报警信号）时，一层楼 12 号（房）的讯响器立即启动，一层楼 13 号（房）的排烟机延时 10s 启动。

【例2】　解释下列逻辑表达式。

01001103+02001103= × 01205521 10

二次码　二次码　　二次码

设备类型　设备类型　　设备类型

延时时间

当一层楼 11 号（房）的光电感烟探测器或二层楼 11 号（房）的光电感烟探测器之中任意一个条件满足（即接收到火灾报警信号）时，位于二号楼一层 55 号（房）的新风机延时 10s 停动。

2. 建立（常规）联动公式

常见联动编程的类型有常规联动编程、气体联动编程及预警设备编程三大类，下面介绍常规联动编程。

具体步骤如下：

1）按下火灾报警控制器面板上的"系统设置"键，在出现的画面中选中"常规联动编程"（即按下数字键"1"）。

2）当荧光屏上出现"联动编程操作"画面时，选中"新建联动公式"（即按下数字键"1"）。

3）当荧光屏上出现"新建编程"画面时，通过火灾报警控制器键盘输入相应的联动公式。

4）联动公式中，条件部分每输入完成八位数字（其中，六位为二次码，两位为设备类型）时，就会出现一个逻辑关系选择位置，此时，按下数字键"1"即输入"＋"号；按下数字键"2"即输入"×"号；按下数字键"3"进入选择界面，如图 1-2-57 所示。然后，可以按照屏幕提示按键选择"＝""＝＝""＝×""＝＝×"等符号。等号后面的执行结果为十位数字（其中，六位为二次码，两位为设备类型，两位为延时时间）。

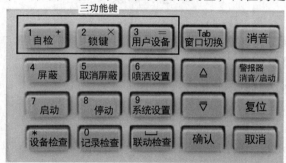

图 1-2-57　火灾报警控制器的功能键

> **注意：** 在联动编程状态下，按下三功能键"[自检]"键，即输入"+"号（右上角符合）。

5）当联动公式输入完成后，按下火灾报警控制器面板上的"确认"键，进入下一个联动公式的编程。

本 章 小 结

1. 区域火灾报警控制器由输入回路、声光报警单元、自动监控单元、手动检查测试单元、电源单元及输出单元等电路组成。当输入回路接收到探测器发出的火灾报警信号或故障报警信号后，通知声光报警单元发出声音、光线等报警信息并显示火灾发生的位置及时间，然后送给输出单元控制消防设备的工作状态（如消防泵的起动等）或送给集中火灾报警控制器，由集中火灾报警控制器实现消防设备或减灾设备（如广播系统由正常广播状态转换为消防广播状态等）的控制。

2. 区域火灾报警控制器包括多线制和总线制两种。其中多线制区域火灾报警控制器因为连线复杂、成本高及维修困难而较少使用。

3. 区域火灾报警控制器与集中火灾报警控制器的主要区别是区域火灾报警控制器直接与火灾报警探测器相连；而集中火灾报警控制器不能直接与火灾报警探测器相连，集中火灾报警控制器一般是和区域火灾报警控制器连接。

4. 集中火灾报警控制器与区域火灾报警探测器相比，一般还多了计时与打印功能、火灾报警电话功能及事故广播功能。

5. 隔离模块主要用于总线制线路中，当线路中有短路故障发生时，隔离模块能"屏蔽"掉发生短路事故的元器件或部分，从而保障总线上的其他设备正常工作。

6. 输入模块、输出模块、输入/输出模块及切换模块等主要用于实现火灾报警控制器与现场设备之间的信号转换和传递。

7. 现场编码包括键值、二次码、设备类型、设备特征和设备汉字信息。其中"二次码"即用户编码，一般由六位 $0\sim9$ 的数字组成。它是表达设备所在的特定位置的一组数字。

习　　题

1. 简述区域火灾报警控制器与集中火灾报警控制器的主要区别。
2. 简述区域火灾报警控制器的电路组成及工作原理。
3. 简述火灾报警控制器的安装要求。
4. 隔离模块的作用是什么？如何安装隔离模块？
5. 简述输入模块的布线要求。
6. 简述单输入/输出模块的工作原理。
7. 简述火灾报警查询的步骤。

8. 解释下列逻辑表达式。

① 01100102 + 01100203 = 01102813 05 01102919 10

② 01000103 + 01000403 = × 02002721 10

③ 01200102 × 01200203 = = 02200321 00

第三章　火灾报警控制系统的电源及火灾警报器的安装和使用

【教学目标】

1. 了解火灾报警控制系统电源的结构及工作原理。

2. 了解消防警铃、消防声光警报器（即消防讯响器）的安装及使用。

【目标引入】

火灾报警控制系统电源又称为消防电源，一般分为火灾报警控制器电源和应急电源两大部分，其组成如图 1-3-1 所示。其中，火灾报警控制器电源主要为火灾报警控制器提供不间断电能，它由主电源和蓄电池组等部分组成。

应急电源主要是为联动设备提供不间断电能，一般采用双电源或双回路两种方式供电。应急电源的供电对象有应急照明、诱导设备、消防广播、消防电梯、消防水泵房、防排烟设备及楼层消防配电箱。

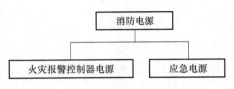

图 1-3-1　消防电源组成示意图

第一节　火灾报警控制器电源的安装和使用

【教学目的】

1. 了解火灾报警控制器电源的结构及组成。

2. 会火灾报警控制器电源的接线。

3. 熟悉火灾报警控制器电源的工作原理。

【教学环节】

1. 产品介绍

火灾报警控制器内部的电源主要由主电源和备用电源两部分组成。主电源又由变压器、滤波器及电源板组成，备用电源由蓄电池及电源板组成。其中，电源板主要起逆变及电源间的切换作用。火灾报警控制器电源实物如图 1-3-2 所示。

其中，主电源为 220V 的交流电，由电网供给；备用电源为 12V 的直流电，由密封铅电池供给。

2. 电源的端子及接线

图 1-3-3 是火灾报警控制器电源示

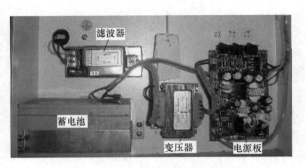

图 1-3-2　火灾报警控制器电源实物

意图。

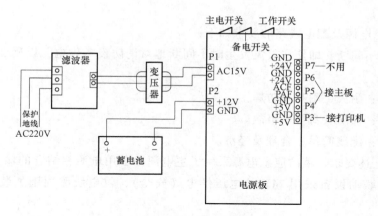

图 1-3-3　火灾报警控制器电源示意图

电源板端子说明如下。

P1：交流 15V 主电输入端子；P2：直流 +12V 备用输入端子；P3：打印机电源输出端子；P4：主板 +5V 电源输出端子；P5：主、备电检测端子；P6：主板 +24V 电源输出端子；P7：暂不用。

3. 工作原理

火灾报警控制器电源的电路框图如图 1-3-4 所示。

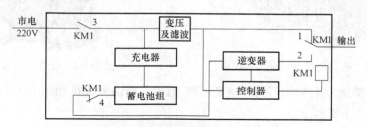

图 1-3-4　火灾报警控制器电源的电路框图

工作原理：当有市电时（即电网有电压），交流接触器 KM1 的 1、3 触点闭合，220V 的交流电压通过滤波、变压后变成交流 15V 的电压输出，供给火灾报警控制器使用；同时，通过充电器给蓄电池组充电（交流接触器 KM1 的 4 触点断开，保障蓄电池保持充电状态）。当停电或市电电压过低时，控制器检测到这种现象，并发出控制指令，让交流接触器 KM1 的 1、3 触点断开，2、4 触点闭合；将蓄电池组接入电路，并通过逆变器将直流电转换成交流电（15V）输出。

另外，也可以转换为其他电压，供给辅助设备。

第二节　应急电源的安装和使用

【教学目的】

1. 熟悉消防应急电源的分类及要求。

2. 熟悉消防应急电源的配电线路的要求。

【教学环节】

对消防应急电源及配电线路的要求如下:

1) 连续，不间断：即能在火灾发生时不间断地对消防设备供电，以确保应急期间消防设备的有效性。

2) 耐火性：耐火、耐热及防爆。

3) 安全性：谨防人身触电事故。

4) 科学性：配线简单、合理及经济。

为了满足上述要求，消防应急电源采用了主电源和备用电源相结合的输电方式（连续、不间断），消防联动设备采用 24V 的电压供电（安全），供电线路周围加装防火材料（耐火）。

1. 产品介绍

主电源由电力变压器提供，电力变压器如图 1-3-5 和图 1-3-6 所示。

图 1-3-5　全封闭油浸式电力变压器

图 1-3-6　干式电力变压器

辅助电源由柴油发电机或不间断电源 UPS 提供，柴油发电机如图 1-3-7 所示，UPS 电源如图 1-3-8 和图 1-3-9 所示。

2. 消防应急电源的分类

按照建筑物（防火分类）的不同，消防应急电源也可分为一类消防电源或二类消防电源两大类。其中，一类建筑采用一类消防电源，二类建筑采用二类消防电源。

一类消防应急电源的主电源采用双电源供电（取自两个不同的发电厂或两个不同区域的变压器），如图 1-3-10 所示。

如图 1-3-10 所示，当电源正常时，由变压器 1 或变压器 2 给所有负荷供电；

图 1-3-7　柴油发电机

当一个电源发生故障后（假设变压器 1 故障），应将负荷开关 QS2 断开而脱离母线，并由变压器 2 通过联络开关 SQ1、SQ2（连通主母线和消防母线）而给所有负荷供电。当所有电源都出现故障或发生火灾时，应将负荷开关 QS2、QS3 全部断开，联络开关 SQ1 也断开（主母线与消防母线断开），由柴油发电机或 UPS 电源（辅助电源）单独给消防负荷供电。

二类消防应急电源的主电源采用双回路供电，如图 1-3-11 所示。

图 1-3-8　机式 UPS 电源　　图 1-3-9　柜式 UPS 电源　　图 1-3-10　一类消防应急电源配电线路图

如图 1-3-11 所示，当电源正常时，由一台变压器的两个回路（即回路 1 或回路 2）给所有负荷供电；假设回路 1 发生故障或需要维护时，应将负荷开关 QS2 断开而脱离母线，并由回路 2 通过联络开关 SQ1、SQ2（连通主母线和消防母线）而给所有负荷供电。当变压器故障或发生火灾时，应将负荷开关 QS2、QS3 全部断开，联络开关 SQ1 也断开（主母线与消防母线断开），由柴油发电机或 UPS 电源（辅助电源）单独给消防负荷供电。

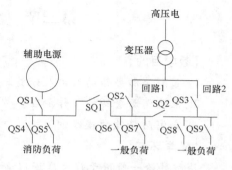

图 1-3-11　二类消防应急电源配电线路图

3. 消防应急电源的配电线路

所谓配电线路，是指连接消防应急电源和消防负荷（消防用户）的输电线路。常见的低压配电线路有放射式、树干式和环形三种方式。

（1）放射式配电线路　放射式的特点是用电安全性高，但浪费线材，成本较高。放射式低压配线路结构示意图如图 1-3-12 所示。其中，细实线为配电电路。

（2）树干式配电线路　树干式的特点是节省线材，但用电安全性能较差。树干式低压配电线路结构示意图如图 1-3-13 所示。

其中，主干电路和分支电路都是配电电路。

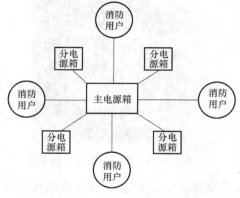

图 1-3-12　放射式低压配电线路结构示意图

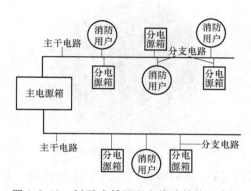

图 1-3-13　树干式低压配电线路结构示意图

（3）环形配电线路　环形线路的特点是不但节省线材，而且用电安全性能较高。环形低压配电线路结构示意图如图 1-3-14 所示。

（4）对配电线路的要求

1）消防用电设备的电源不应装设漏电保护开关；消防联动控制装置的直流操作电压应采用24V。

2）消防应急电源应设有自动启动装置，并能在停电或火灾发生后 15s 内提供应急电源。

3）消防线路周围要设置防火隔断或刷防火涂层，保护消防线路不受损坏。

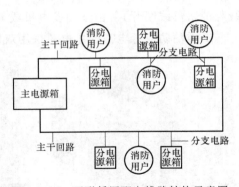

图 1-3-14　环形低压配电线路结构示意图

第三节　消防警铃的安装和使用

【教学目的】

1. 了解消防警铃的结构及分类。

2. 熟悉消防警铃的工作原理。

3. 会消防警铃的接线方法。

【教学环节】

消防警铃一般用于较大区域（如宿舍或生产车间）的火灾报警，火灾发生时，它由火灾报警控制器触发而报警，警示声音效果好。正常情况下每一个区域安装一个。

消防警铃种类较多，按照不同的分类方法可以分为不同的种类：按照有无地址码可分为编码消防警铃和非编码消防警铃两类；按照使用场所可分为普通消防警铃（一般称为消防警铃）和防爆消防警铃两类；按照使用电源又可分为直流（24V）消防警铃和交流（220V）消防警铃两类。

1. 产品介绍

普通消防警铃外形如图 1-3-15 和图 1-3-16 所示，防爆消防警铃外形如图 1-3-17 所示。

图 1-3-15　普通消防警铃外形图

图 1-3-16　普通消防警铃的底座

（1）消防警铃的特点　外形美观、结构牢固；耗电量少、音量大、声音清脆且使用寿命长。

（2）结构　消防警铃主要由钢铃、铃锤、电动机、传动（曲轴连杆）机构等部分组成，如图1-3-18所示。

图1-3-17　防爆消防警铃外形图

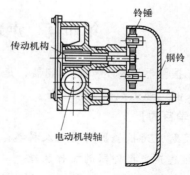

图1-3-18　消防警铃的结构示意图

2. 工作原理及接线

（1）工作原理　当发生火灾时，火灾报警控制器发出一个驱动信号给消防警铃，警铃上的电动机得电转动，再由传动机构将运动传递到铃锤上，铃锤的弹簧在离心力的作用下敲击钢铃且发出清脆的火灾报警声，通知周围的人员迅速撤离火灾现场。

（2）接线　编码消防警铃及非编码消防警铃的接线方法不同。

编码消防警铃的接线较简单，即将两根引出线直接接到总线（Z1、Z2）上即可，如图1-3-19所示。

图1-3-19　编码消防警铃的接线图

直流非编码消防警铃（直流24V）要和输入/输出模块配合使用，方法如图1-3-20所示。

交流非编码消防警铃（交流220V）与消防手动报警按钮组成简单的火灾报警线路，如图1-3-21所示。

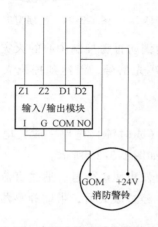

图1-3-20　直流非编码消防警铃接线图

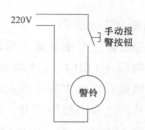

图1-3-21　交流非编码消防警铃与消防手动报警按钮接线示意图

发生火灾时，按下消防警铃附近的手动报警按钮，消防警铃即发出报警声，提醒人员迅速撤离火灾现场。

第四节　声光报警器的安装和使用

声光报警器又称为声光讯响器，是一种安装在防火区域内，在火灾发生时，发出声光信号提醒人们迅速逃离的警报设备。

【教学目的】

1. 了解声光报警器的结构及种类。

2. 熟悉声光报警器的工作原理。

3. 会声光报警器的安装及接线操作。

【教学环节】

1. 产品介绍

声光报警器按照有无地址码可分为非编码型和编码型两类。按照安装使用场所又可分为一般用声光报警器（简称声光报警器）、防爆型声光报警器和船用型声光报警器三类。外观如图 1-3-22、图 1-3-23 和图 1-3-24 所示。

图 1-3-22　一般用声光报警器　　图 1-3-23　防爆型声光报警器　　图 1-3-24　船用型声光报警器

声光报警器的作用是当现场发生火灾并被确认后，由消防报警控制中心的火灾报警控制器发出指令，启动安装在现场的声光报警器发出强烈的声光信号，以达到提醒人员注意的目的。

2. 结构及工作原理

声光报警器主要由直流工作电源、音乐芯片、振荡（或时钟）电路、放大电路、驱动电路、蜂鸣器及 LED 灯（或闪光灯）组成，其结构框图如图 1-3-25 所示。

工作原理： 当火灾报警控制器监测到有火灾发生时，发出驱动信号，通过直流工作电源使音乐芯片产生音乐报警信号，振荡电路输出时钟脉冲，经过放大后，带动蜂鸣器发出声音报警或驱动 LED 灯一闪一闪地发出光线报警。

3. 安装及接线

（1）安装

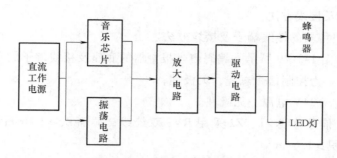

图 1-3-25　声光报警器结构框图

1）一般用和船用型声光报警器的安装。

① 此类声光报警器采用预埋盒、底座及报警器三位一体的安装方式，如图 1-3-26 所示。其中预埋盒在土建时埋入墙壁内，底座通过螺栓固定在预埋盒上，报警器插接在底座上。

② 此类报警器宜采用壁挂式安装，一般安装在距顶棚 0.2m 处。底座安装时要注意让箭头的方向向上。

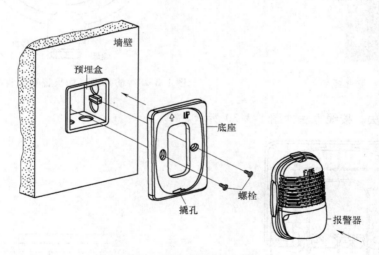

图 1-3-26　声光报警器安装示意图

③ 拆下报警器时，应用一字螺钉旋具沿撬孔方向轻轻撬动，最终取下报警器，而不应该生拉硬拽。

2）防爆型声光报警器的安装。

① 防爆型声光报警器采用膨胀螺钉与螺母的安装方式，即首先在墙上选择好的位置上用手枪钻打孔，然后在打好的孔里放置膨胀螺钉，最后，将报警器放置好，并用螺母固定。膨胀螺钉如图 1-3-27 所示，防爆型声光报警器安装位置示意图如图 1-3-28 所示。

② 防爆型声光报警器的进线采用橡胶电缆或塑料电缆穿管敷设的方法，线路连接好后，应将螺母拧紧锁好。

（2）接线端子及接线方法

1）编码声光报警器的接线端子及接线方法。

① 接线端子。图 1-3-29 所示是编码声光报警器的底座及接线端子的示意图。

其中，Z1、Z2：为控制信号总线，无极性；

D1、D2：接直流 24V 电源，无极性。

② 布线要求。信号总线 Z1、Z2 采用 RVS 双绞线，截面积 $\geqslant 1.0\text{mm}^2$；电源线 D1、D2 采用 BV 线，截面积 $\geqslant 1.5\text{mm}^2$。

图 1-3-27　膨胀螺钉

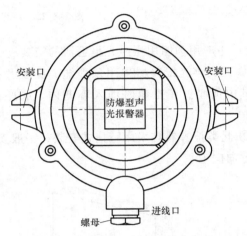

图 1-3-28　防爆型声光报警器安装位置示意图

③ 接线方法。接线方法如图 1-3-30 所示。

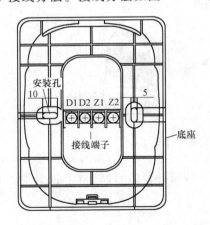

图 1-3-29　编码声光报警器的底座及接线端子示意图

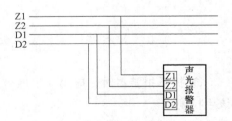

图 1-3-30　编码声光报警器接线示意图

2）非编码声光报警器的接线端子及接线方法。

① 接线端子。图 1-3-31 所示是非编码声光报警器的底座及接线端子的示意图。

其中，D1、D2 接直流 24V 电源，无极性。

② 布线要求　电源线 D1、D2 采用 BV 线，截面积 $\geqslant 1.5\text{mm}^2$。

③ 接线方法　接线方法如图 1-3-32 所示。

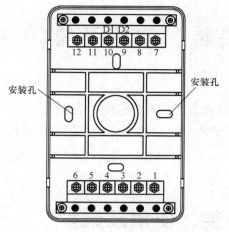

图 1-3-31　非编码声光报警器的
　　　　　底座及接线端子示意图

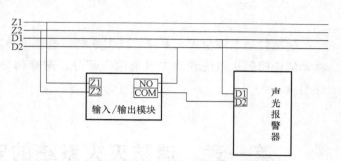

图 1-3-32　非编码声光报警器接线示意图

本 章 小 结

1. 由于特殊需要，火灾报警系统的电源（即消防电源）是不允许中断的，它包括火灾报警控制器的电源和应急电源两大部分。

2. 火灾报警控制器的电源主要由主电源和备用电源两部分组成。主电源又由变压器、滤波器及电源板组成，备用电源由蓄电池及电源板组成。

3. 对消防应急电源的要求有连续、不间断、耐火性、安全性及科学性。消防应急电源的配电线路有放射式、树干式和环形三种方式。

4. 消防警铃主要由钢铃、铃锤、电动机、传动（曲轴连杆）机构等部分组成，起着火灾警报通知周围的人员迅速撤离火灾现场的作用。

5. 声光报警器主要由变压器、音乐芯片、振荡（或时钟）电路、放大电路、驱动电路、蜂鸣器及 LED 灯（或闪光灯）组成。

习　　题

1. 简述火灾报警控制器电源的工作原理。

2. 按照建筑物（防火分类）的不同，消防应急电源应分为哪些种类？它们分别使用在哪些场所？

3. 消防应急电源对配电线路有哪些要求？

4. 简述消防警铃的结构及工作原理。

5. 简述一般用声光报警器的安装步骤。

第二篇　消防联动系统的安装、使用及维护

消防联动系统由灭火系统、减灾系统、避难诱导系统和消防广播系统四部分组成，这里将详细说明灭火系统和减灾系统两个部分，避难诱导系统和消防广播系统将在第三篇进行介绍。

第一章　消防灭火系统的安装、使用及维护

【教学目标】

1. 了解消防灭火系统的种类和适用场所。

2. 掌握喷淋灭火系统的工作原理、安装方法及日常维护。

3. 掌握干式喷淋灭火系统的主要设备及作用，会正确使用这些设备。

4. 掌握湿式喷淋灭火系统的主要设备及作用，会正确使用这些设备。

5. 掌握预作用式喷淋灭火系统的主要设备及作用，会正确使用这些设备。

【目标引入】

建筑物着火后，除了要及时探测到火灾发生的时间、地点、火势大小及燃烧物成分等因素外，还应该做好下面两方面的工作：一是有组织有步骤地紧急疏散；二是进行灭火。灭火的方式有人工灭火和自动灭火两种，这里主要介绍自动灭火。自动灭火又包含了喷淋灭火和气体灭火等。

第一节　消防栓灭火系统的安装、使用及维护

【教学目的】

1. 了解室内消防栓灭火系统的结构及控制要求。

2. 会分析消防栓联动控制系统的电路并排除故障。

【教学环节】

消防栓灭火系统的灭火媒介是水，它由放置在楼顶的消防水箱提供；刚发生火灾时，可用消防水箱里的水救火，随着消防水箱里的水越用越少，消防泵开始起动增水增压，以满足消防水枪的压力要求。

消防栓又分为室外消防栓和室内消防栓两种。

1. 产品介绍

室外消防栓是指设置在市政给水管网或建筑物外的消防给水管网上的一种消防给水设

施。它主要有两个作用：①给移动灭火设备（如消防车）供水；②直接（接消防水带）灭火。室外消防栓如图 2-1-1 所示，消防泵接合器如图 2-1-2 所示（主要作用是给消防车等移动消防设备供水）。

外墙

接合器

图 2-1-1　室外消防栓　　　　　　　　　　图 2-1-2　消防泵接合器

室内消防栓又称为消防栓箱，是指设置在建筑物内的消防给水管网上的一种消防给水设施。它是建筑物内部的主要消防灭火设备，室内消防栓如图 2-1-3 和图 2-1-4 所示。

其中，消防水枪如图 2-1-5 所示，常用的是直流消防水枪。

消防盘管　　消防水带

消防水枪　　消防栓报警按钮

消防栓阀门　　灭火器

图 2-1-3　消防栓箱　　　图 2-1-4　消防栓箱内部结构图　　　图 2-1-5　消防水枪

消防栓阀门如图 2-1-6 所示，消防水带如图 2-1-7 所示。

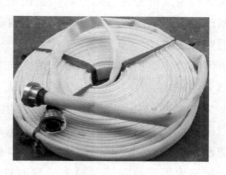

图 2-1-6　消防栓阀门　　　　　　　　　　图 2-1-7　消防水带

消防栓报警按钮用于发生火灾时，手动起动消防水泵，消防栓报警按钮如图 2-1-8 所示。

消防水泵主要用于给消防用水加压，让火灾现场有足够的消防用水喷洒在着火部位，通过降低着火点的温度来达到扑灭火灾的目的，消防水泵如图 2-1-9 所示。

2. 消防栓的结构及类型

（1）室外消防栓的结构及类型　室外消防栓分为地上式消防栓和地下式消防栓两类，其中，地上式消防栓比较常用。

不论哪一种室外消防栓，都是由本体、阀座、阀瓣、排水阀、阀杆和接口等零部件组成的。

图 2-1-8　消防栓报警按钮

图 2-1-9　消防泵房

（2）室内消防栓的结构及类型　室内消防栓类型较多，按照出水口的型式可分为单出口室内消防栓和双出口室内消防栓两种。

按照栓阀数量可分为单栓阀室内消防栓和双栓阀室内消防栓两类。

按照结构型式可分为直角出口型室内消防栓、45°角出口型室内消防栓、旋转型室内消防栓、减压型室内消防栓、旋转减压型室内消防栓、减压稳压型室内消防栓及旋转减压稳压型室内消防栓七类。

室内消防栓主要由水枪、水带、消火栓（又称为消防栓阀门）、消防管网及消防栓报警按钮等部分组成。

（3）室内消防栓的使用操作方法　发生火灾时，应迅速打开消防栓箱门，紧急时可以将玻璃门击碎。按下箱内的消防栓报警按钮，起动消防水泵。取出水枪，拉出消防水带，同时把消防水带接口的一端与消防栓阀门接口相连接，另一端与水枪相连接，在地面上拉直消防水带，把室内消防栓阀门上的手轮顺时针旋转（即开启消防栓阀门），同时双手紧握水枪，喷水灭火。

3. 消防栓的布置

（1）室外消防栓的布置要求　室外消防栓是消防车取水的接口装置。室外消防栓应沿道路布置，宜靠近十字路口；当道路宽度超过 60m 时，宜在道路两旁都设置消防栓；消防栓的布置间距不应超过 120m，距路边不应超过 2m，距建筑物外墙不宜小于 5m；室外消防栓的保护半径不应超过 150m。

（2）室内消防栓的布置要求　一般布置在楼梯间附近、走廊内、大厅及出入口等处。消防栓栓口中心安装高度距地面 1.1m。在多层建筑物内，室内消防栓间距不大于 50m；在高层建筑物内，室内消防栓的间距不大于 30m。

（3）室内消防栓箱内的消防栓报警按钮的安装

1）导线要求。

① 消防栓报警按钮一般与输入/输出模块联合使用；

② 消防栓报警按钮的信号总线采用 RVS 型双绞线，截面积 $\geq 1.0mm^2$；

③ 消防栓报警按钮的控制线和回答线采用 BV 线，截面积 $\geq 1.5mm^2$。

2）安装位置。消防栓报警按钮一般安装在消防栓箱的左上角，如图 2-1-10 和图 2-1-11 所示。

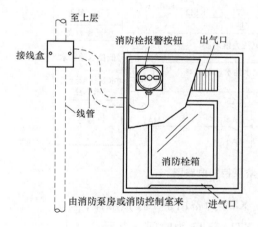

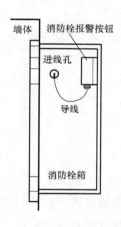

图 2-1-10　消防栓箱正面图　　　　　　　　　　　　图 2-1-11　消防栓箱侧面图

4. 消防泵的电气原理

全压起动的消防泵控制电路如图 2-1-12 所示。

（1）元件介绍

电动机两台：M1 为工作泵电动机，M2 为备用泵电动机；

传感器两个：KP 为管网压力传感器（或继电器），SL 为低位水池水位传感器（或继电器）；

低压开关五个：QS1、QS4、QS5 为低压断路器，QS2 为刀开关，QS3 为单刀双掷的刀开关；

主令电器十组：SB10 ~ SBn 为消防栓箱内的消防报警按钮（或输入/输出模块的常闭触点），SB1 ~ SB8 为按钮，SA 为组合开关（其手柄有三个掷位，即 1 位、2 位、3 位）；

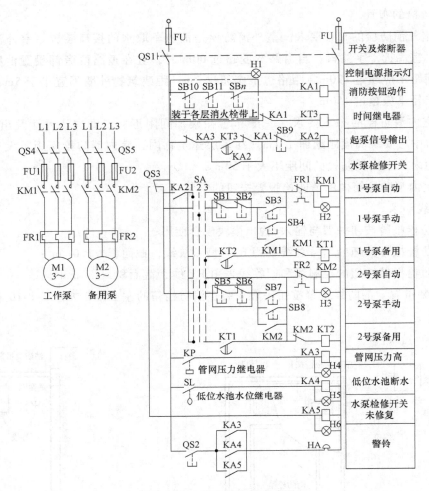

图 2-1-12　消防泵控制电路图

接触器两个：KM1 为工作泵工作接触器，KM2 为备用泵工作接触器；

继电器八个：KA1～KA5 为中间继电器，KT1～KT3 为时间继电器；

指示灯六盏：H1 是电源指示灯，H2 是工作泵起动指示灯，H3 是备用泵起动指示灯，H4 是管网压力过高指示灯，H5 是水位过低指示灯，H6 是检修指示灯；

警报装置一个：HA 为警铃。

（2）工作原理

1）由消防栓箱内的消防报警按钮（自动）起动消防泵。

①首先，合上电源开关 QS1（控制电路）、QS4、QS5（主电路）。

②工作泵起动过程：当发生火灾时，用小锤将消防栓箱内的消防报警按钮的玻璃击碎，此时，消防报警按钮中的一个因为不受压而断开（即 SB11～SBn，假设 SB11 断开）。

SB11 断开→中间继电器 KA1 的线圈失电 $\begin{cases} \text{KA1 常闭触点恢复闭合→为中间继电器 KA2 得电做准备} \\ \text{KA1 常闭触点恢复闭合→时间继电器 KT3 线圈得电→} \end{cases}$

经过一定时间的延时，KT3 的延时闭合瞬时断开的常开触点闭合→中间继电器 KA2 线圈

得电 $\left\{\begin{array}{l}\text{KA2 自锁触点闭合}\\\text{KA2 常开触点闭合}\end{array}\right.$ →当组合开关 SA 搬于 1 位时→交流接触器 KM1 线圈得

电吸合（H2 指示灯亮）$\left\{\begin{array}{l}\text{KM1 自锁触点闭合}\\\text{KM1 主触点闭合}\end{array}\right\}$→电动机 M1 起动。

　　　　　　　　　　　KM1 常闭互锁触点断开→时间继电器 KT1 线圈不能得电。

　　③ 假设交流接触器 KM1 出现故障，该电路由工作泵电动机 M1 自动切换到备用泵电动机 M2 起动。

交流接触器 KM1（得电）不能吸合 $\left\{\begin{array}{l}\text{KM1 自锁触点断开}\\\text{KM1 主触点断开}\end{array}\right\}$→电动机 M1 不能起动。

　　　　　　　　　　　　　　　　KM1 常闭互锁触点闭合→时间继电器 KT1 线圈得

电→经过一定时间的延时，KT1 的延时闭合瞬时断开的常开触点闭合→交流接触器 KM2

线圈得电吸合 $\left\{\begin{array}{l}\text{KM2 自锁触点闭合}\\\text{KM2 主触点闭合}\end{array}\right\}$→电动机 M2 起动。

　　　　　　　　KM2 常开互锁触点断开→时间继电器 KT2 线圈不得电。

　　当工作泵（有故障）不能起动时，将组合开关 SA 搬于 3 位时，此时起动的是备用泵，工作原理和上面所述基本相同。

　　2）在消防泵房手动起动消防泵电动机。

　　① 起动工作泵电动机。

按下起动按钮 SB3 或 SB4（两地控制）→交流接触器 KM1 线圈得电吸合→

$\left\{\begin{array}{l}\text{KM1 自锁触点闭合}\\\text{KM1 主触点闭合}\end{array}\right\}$→电动机 M1 起动。

KM1 常开互锁触点断开→无实际作用。

　　② 起动备用泵电动机的方法与上述方法基本一致。

　　3）其他状态工作情况。

　　① 当消防管网压力过高时：

压力传感器（或继电器）KP 的常开触点闭合→中间继电器 KA3 得电吸合（同时指示灯 H4 亮）→KA3 常开触点闭合→警铃 HA 得电报警（响）→此时按下按钮 SB9（或 SB1、SB2、SB5、SB6）→电动机断电→停止供水，减小管网压力。

　　② 当消防水箱里水位较低时：

水位传感器（或继电器）SL 的常开触点闭合→中间继电器 KA4 线圈得电吸合（同时指示灯 H5 亮）→KA4 常开触点闭合→警铃 HA 得电报警（响）→此时按下起动按钮 SB3（或 SB4、SB7、SB8）→让电动机起动工作→给消防水池供水→提高消防水池的水位。

　　③当消防供水设备需要维修时：

将单刀双掷低压开关置于左位 $\left\{\begin{array}{l}\text{一方面切断电动机的控制电路。}\\\text{另一方面让中间继电器 KA5 得}\end{array}\right.$ 电吸合（同时指示灯 H6 亮）→KA5 常开触点闭合→警铃 HA 得电报警。

　　（3）消防栓系统的控制要求

1）消防栓报警按钮宜选用破玻按钮（即 SB11～SBn）；为了对断线和接触不良进行监控和测量，消防栓箱内的所有消防栓报警按钮应采用串联接法。

2）消防泵起动后，消防泵房内应发出声光报警；且在总控室的消防报警控制器上应显示火灾地点及消防泵运行的情况。

3）为了防止消防管网压力过高而导致的管网爆裂，我们加装了管网压力保护设备，当水压超过某一值时，压力继电器（即 KP）动作，消防泵停止运行。

4）当消防栓报警按钮一旦失效时，可由消防泵房内的值班人员通过泵房内的手动按钮（即 SB3、SB4、SB7、SB8）强行起动消防泵。

5）泵房应设有检修用的开关和起动、停止按钮。并应设置检修开关，当接通检修开关时，应切断消防泵控制回路以保障检修安全，并发出声光报警。

第二节　喷淋灭火系统的安装、使用及维护

【教学目的】

1. 了解喷淋灭火系统的种类及结构。

2. 理解喷淋灭火系统的工作原理。

3. 会喷淋灭火系统的简单安装。

4. 会分析喷淋泵的电气控制线路并能进行简单的维护。

【教学环节】

自动喷淋灭火系统是目前世界上应用最广泛的一种室内固定式消防灭火设施，它广泛应用在高层建筑、宾馆、会议室、大型地下车库及石油化工行业等一些人员密集、地位重要及价值较高的场所。

一、喷淋灭火系统的种类及结构

1. 种类

喷淋灭火系统有下列几种。

$$
\text{喷淋灭火系统}\begin{cases}
\text{闭式系统}\begin{cases}
\text{湿式系统}\\
\text{干式系统}\\
\text{预作用系统}\\
\text{循环作用系统}
\end{cases}\\
\text{开放式系统}\begin{cases}
\text{雨淋系统}\\
\text{水幕系统（又分为防火分隔水幕和防护冷却水幕两类）}\\
\text{水雾系统}
\end{cases}
\end{cases}
$$

2. 闭式系统与开放式系统的区别

闭式系统与开放式系统的主要区别见表 2-1-1。

表 2-1-1　闭式系统与开放式系统的主要区别

种类	出水口有无堵头	注　释
闭式系统	有	有火灾发生时，堵头爆裂，出水口开启
开放式系统	无	出水口处于常开状态

闭式系统的几种方式之间的区别见表 2-1-2。

表 2-1-2　闭式系统几种方式之间的区别

种类	准工作状态	工作状态（喷淋时）	能否自动重新开启
湿式系统	管网内存满了水	喷水灭火	不能
干式系统	管网内存满了惰性气体	喷水灭火	不能
预作用系统	管网内空置	喷水灭火	不能
循环作用系统	管网内空置	喷水灭火	能，复燃时，系统自动重启

开放式系统的几种方式之间的区别见表 2-1-3。

表 2-1-3　开放式系统几种方式之间的区别

种类	防范范围	灭火介质	使用场所
雨淋系统	一个平面	水	车库、厂房及舞台等过水损失不大的场所
水幕系统	一条直线	水	大型舞台、人防工程等可能过火面积较大的场所
水雾系统	一个平面	"水＋泡沫"混合液	变压器室或燃气、燃油锅炉房等建筑物

3. 结构

喷淋灭火系统主要由喷头、传动控制组件、消防管网、各种报警阀、水力警铃及各种传感器组成。

4. 产品介绍

（1）喷头　喷头又称为洒水喷头，它是自动喷淋灭火系统的重要组成部分。通常分为开启式和封闭式两种。常见喷头如图 2-1-13、图 2-1-14 和图 2-1-15 所示。

图 2-1-13　开启式喷头

图 2-1-14　封闭式喷头（玻璃堵头）

（2）湿式报警阀　湿式报警阀常用于封闭式系统，一般安装在总供水管上，它是一个单向阀，只允许水流向消防管网里流，而不允许消防管网里的水回流，如图 2-1-16 所示。

（3）雨淋阀　雨淋阀常用于开放式系统，同样安装在总供水管上。在发生火灾时，能自动开启阀门并供水灭火。外形如图 2-1-17 所示。雨淋阀和其他附件连接情况如图 2-1-18 所示。

（4）水流指示器　水流指示器又称为水流开关，是一种将水流信号变成电信号的报警设备。水流指示器如图 2-1-19 所示。水流指示器一般通过三通安装在消防管网中，如图 2-1-20 所示，常和消防模块联合使用。

图 2-1-15 封闭式喷头（易熔金属堵头）

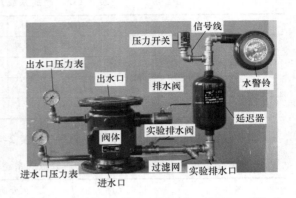

图 2-1-16 湿式报警阀

图 2-1-17 雨淋阀

图 2-1-18 雨淋阀及相关附件

图 2-1-19 水流指示器

图 2-1-20 水流指示器及附件

（5）压力开关　用于监控消防管网的压力，通常和消防模块联合使用，如图 2-1-21 所示。

（6）水警铃　水警铃是火灾时的报警设备，一般安装在报警阀附近。水警铃如图 2-1-22 所示。

图 2-1-21　压力开关

图 2-1-22　水警铃

二、闭式喷淋灭火系统

（一）湿式喷淋灭火系统

湿式喷淋灭火系统由湿式报警阀、喷头、水流指示器、压力开关、水警铃、末端试水装置及电气控制柜等部分组成。

1. 各部分组件

（1）湿式报警阀　湿式报警阀一般和蝶阀（或电动蝶阀）及其他附加设备组成一体，共同承担着火灾时出水报警的功能。附加设备包括压力表、末端试水装置（包括试验排水阀、试验排水口及过滤网等部分）、水警铃、延迟器、压力开关及排水阀等。

通常对湿式报警阀的要求如下：

1）湿式报警阀要有足够的灵敏度，即使管网中有一只喷头喷水，湿式报警阀也立即开启。

2）湿式报警阀要有一定的抗干扰能力，当供水水源压力变化时不会引起误报警。

3）湿式报警阀要具备单向流动能力，即水只能由供水管网流向消防管网，而不能由消防管网流向供水管网。防止消防管网内长期不流动的腐化变质的污水流入供水管网。

湿式报警阀的结构如图 2-1-23 所示。

工作原理：无火灾发生时，阀瓣由于自身重量而堵着进水口，湿式报警阀处于关闭状态，无水进入消防管网。有发生火灾时，由于喷头爆裂而喷水，使消防管网里的水不断流出，湿式报警阀上端的水压迅速下降，阀瓣上下产生了压力差，当这个压力差足够克服阀瓣的重量时，阀瓣

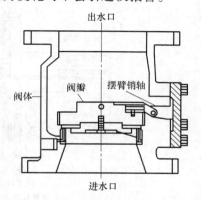

图 2-1-23　湿式报警阀结构图

被顶起，水会通过湿式报警阀送入喷淋系统，达到灭火目的并报警。

湿式报警阀由阀体、阀瓣、密封垫圈及摆臂销轴等部件组成。

（2）闭式喷头　闭式喷头一般由喷水口、热敏元件、框架、溅水盘及密封垫圈等组成。按热敏元件分有玻璃球式和易熔元件式两类，这里主要介绍玻璃球式闭式喷头。（玻璃球式）闭式喷头结构如图 2-1-24 所示。

工作原理：无火灾发生时，由玻璃球支撑着阀片堵着出水口，因此，无水流出。当发生火灾时，玻璃球内的液体受热膨胀，当达到动作温度时，玻璃球炸裂，阀片脱落，出水口打开，水由于压力而冲向溅水盘，再由溅水盘将水打散，而扩大灭火面积。

（3）水流指示器　水流指示器是一种根据水是否流动而输出电信号的传感元件。该电信号可以用于起动喷淋泵，也可以用于现场报警。

水流指示器一般由桨片及微动开关组成，其结构如图 2-1-25 所示。

图 2-1-24　闭式喷头结构图

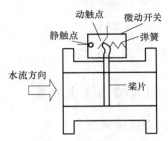

图 2-1-25　水流指示器结构图

工作原理：无喷淋灭火状态发生时，消防管网内的水不流动，水流指示器的桨片由于自身的重量作用处于垂直状态，不触碰动触点，动、静触点分离，不发出电信号。

处于喷淋灭火状态时，消防管网内有水流动，水流指示器的桨片被水流冲击而发生转动，当桨片上端触碰到动触点时，动、静触点闭合，发出电信号。

（4）压力开关　压力开关是压力传感器，它可以根据消防管网的压力变化发出电信号来接通或断开喷淋泵控制电路并报警，主要由微动开关和柱塞及传动装置等组成。

压力开关通常安装在报警管路的延迟器上方。压力开关的结构如图 2-1-26 所示。

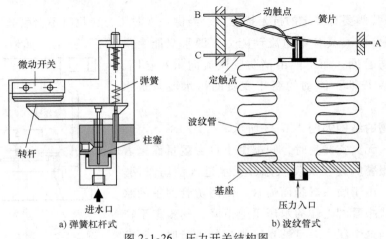

a) 弹簧杠杆式　　　　　　b) 波纹管式

图 2-1-26　压力开关结构图

工作原理: 无火灾发生时,湿式报警阀不开启,由于进水口无水进入,转杆不挤压微动开关,火灾报警控制器接收不到电信号,不报警。当火灾发生时,湿式报警阀开启,消防水进入报警管路,由于进水口有水进入,柱塞受压向上移动,从而推动转杆顺时针转动,转杆左端挤压微动开关而动作,火灾报警控制器接收到电信号,通过报警控制箱起动喷淋泵并报警。

(5)水警铃 水警铃(又称为水力警铃)是一种警报设备,一般安装在报警阀附近,主要担负喷淋泵起动报警或管网排水(人工试验检查时)报警等作用。

水警铃主要由铃盖、水轮机(包括铃锤、偏心装置及叶轮等部分)组成。水警铃结构如图 2-1-27 所示。

工作原理: 当有水流过(因为喷淋泵起动或人工试验检查)水警铃时,水流推动叶轮转动,而叶轮又带动偏心装置转动,从而带动铃锤不断地敲击铃盖,发出持续不断的报警声。

2. 湿式喷淋灭火系统的工作原理

(1)正常状态 无火灾发生时,消防管网的压力水由高位水箱提供,消防管网内充满不流动的压力水,处于准工作状态。

(2)火灾状态 发生火灾时,火灾现场的温度急剧上

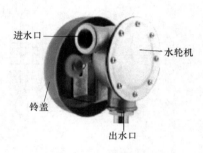

图 2-1-27 水警铃结构图

升,当达到某一阈值温度时,闭式喷头的玻璃球炸裂,喷头打开,喷水灭火。消防管网中水的压力减小,湿式报警阀自动开启。此时,安装在消防管网上的水流指示器感应到水的流动,发出电信号给火灾报警控制器(或报警控制中心)报警;同时,安装在消防管网中的压力开关检测到水压的降低(高位水箱的存水用完后),并将该水压变化信号转换为电信号传送到喷淋泵控制柜,起动喷淋泵补水。喷淋泵起动后,要注意观察压力表的读数,当水压超过一定值时,要手动或自动停止喷淋泵。并视情况决定是否开启紧急手动释放阀来减压。喷淋泵工作原理如图 2-1-28 和图 2-1-29 所示。

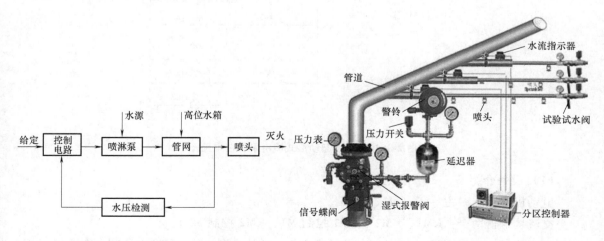

图 2-1-28 喷淋泵工作流程框图

图 2-1-29 湿式喷淋系统结构示意图

3. 湿式喷淋泵的电气线路图

湿式喷淋泵的电气线路有两泵制和三泵制两种，两泵制一般有一台工作泵，一台备用泵，且它一定要和高位水箱配合使用。三泵制一般有两台工作泵（一台为恒压泵，另一台为变频泵），一台备用泵。这里以两泵制为例加以说明。全压起动湿式喷淋泵控制电路如图2-1-30 所示。

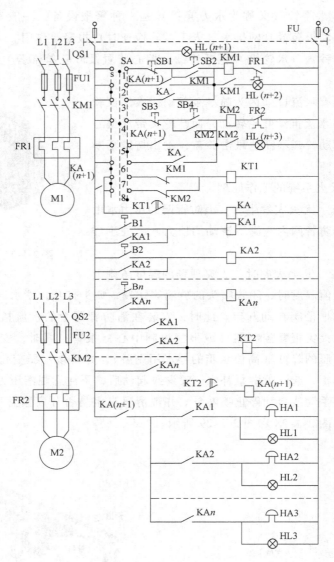

图 2-1-30　全压起动湿式喷淋泵控制电路图

（1）设备介绍

电动机两台：一主一备（M1、M2）。

交流接触器两个：KM1、KM2（KM1 控制 M1，KM2 控制 M2）。

继电器：中间继电器 $n+1$ 个（n 为楼层数），其中，前 n 个中间继电器和 n 个区域（楼层）水流指示器配合使用，达到任一个水流指示器动作时喷淋泵都起动。两个时间继电器起到延时控制的目的。

指示报警设备：指示灯 $n+3$ 盏，其中，前 n 盏和楼层火灾相对应（即指示灯 1 亮表明 1 楼有火灾发生；指示灯 5 亮表明 5 楼有火灾发生）。第 $n+1$ 盏指示灯亮表明接通了电源，第 $n+2$ 盏指示灯亮表明电动机 M1 工作，第 $n+3$ 盏指示灯亮表明电动机 M2 工作。蜂鸣器有 n 个，每个蜂鸣器和楼层火灾相对应（即蜂鸣器 2 响表明 2 楼发生火灾）。

低压开关：QS1、QS2 为电动机的电源开关，Q 为控制电路电源开关。SA 为组合开关。

保护设备：热继电器 FR1、FR2 作为电动机的过载保护，熔断器 FU1、FU2 作为电动机电路的短路保护，FU 作为控制电路的电路保护。

水流指示器 n 个：分别安装在不同的楼层或不同的防火分区。

某型号湿式喷淋泵控制柜（箱）如图 2-1-31 所示。

（2）工作原理

准工作状态： 合上电源开关 QS1、QS2、Q，再将组合开关 SA 转至"1 手，2 备"的位置。此时，指示灯 HL（$n+1$）亮，为喷淋泵起动灭火做好准备。

起动状态： 假设二楼发生火灾，安装在二楼的喷头的玻璃球受热而爆裂，消防管网内的消防水流出，带动安装在二楼的水流指示器 B2 动作而闭合。

图 2-1-31　带变频调速的湿式喷淋泵控制柜

系统正常时：

B2 闭合→中间继电器 KA2 的线圈得电
- KA2 的常开触点闭合→时间继电器 KT2 线圈得电→
- KA2 的常开触点闭合→指示灯 HL1，蜂鸣器 HA2 处于准报警状态。
- KA2 的自锁触点闭合→KA2 连续吸合。

时间继电器 KT2 线圈得电→KT2 的延时闭合瞬时断开的常开触点经过一定时间的延时而闭合→中间继电器 KA（$n+1$）的线圈得电
- KA（$n+1$）常开触点闭合→交流接触器 KM1 的线圈得电→
- KA（$n+1$）常开触点闭合→交流接触器 KM2 做好电准备。
- KA（$n+1$）常开触点闭合→指示灯 HL1 亮，蜂鸣器 HA2 响。

交流接触器 KM1 线圈得电
- KM1 主触点闭合
- KM1 自锁触点闭合　｝喷淋泵电动机 M1 工作供水灭火。
- KM1 常开辅助触点闭合→M1 工作指示灯 HL（$n+2$）亮。
- KM1 常闭辅助触点断开→时间继电器 KT1 的线圈不能得电。

1 号泵发生故障（即交流接触器 KM1 不能吸合），起动 2 号泵（备用泵）供水灭火的方法有两种：一种是自动起动 2 号泵，另一种是手动（即所谓的强投）起动 2 号泵。

自动起动 2 号泵的控制原理如下：

交流接触器 KM1 线圈得电
（KM1 因为卡住而不能吸合）
- KM1 主触点不能闭合
- KM1 自锁触点不能闭合　｝喷淋泵电动机 M1 不工作。
- KM1 常开辅助触点不能闭合→M1 工作指示灯 HL（$n+2$）不亮。
- KM1 常闭辅助触点保持闭合→时间继电器 KT1 的线圈得电→

时间继电器 KT1 的线圈得电→KT1 的延时闭合瞬时断开的常开触点经过一定延时时间

闭合→中间继电器 KA 的线圈得电 $\left\{\begin{array}{l}\text{KA 常开触点闭合→交流接触器 KM1 的线圈准备得电。} \\ \text{KA 常开触点闭合→交流接触器 KM2 线圈得电→}\end{array}\right.$

交流接触器 KM2 线圈得电 $\left\{\begin{array}{l}\text{KM2 主触点闭合} \\ \text{KM2 自锁触点闭合}\end{array}\right\}$ 喷淋泵电动机 M2 工作，供水灭火。

KM2 常开辅助触点闭合→M2 工作指示灯 HL（$n+3$）亮。

KM2 常闭辅助触点断开→为时间继电器 KT1 的线圈失电做准备。

手动强投 2 号泵（时间继电器 KT1 也出现故障时）的控制原理如下：

将组合开关 SA 转至"手动"位置。

按下起动按钮 SB4→交流接触器 KM2 线圈得电→

$\left\{\begin{array}{l}\text{KM2 主触点闭合} \\ \text{KM2 自锁触点闭合}\end{array}\right\}$ 喷淋泵电动机 M2 工作，供水灭火。

KM2 常开辅助触点闭合→M2 工作指示灯 HL（$n+3$）亮。

KM2 常闭辅助触点断开→时间继电器 KT1 的线圈不得电。

（二）干式喷淋灭火系统

干式喷淋灭火系统的消防管网中充满的不是消防水，而是惰性气体。当发生火灾时，喷头的玻璃球因为周围温度上升而爆裂，气体泄漏出来。此时，预作用阀开启，向消防管网内充水达到喷淋灭火的目的。

干式喷淋灭火系统一般用在无采暖的仓库、橱窗等暴露于结冰温度（防止水结冰而造成消防管网爆裂或阻塞）的场所。

干式喷淋系统与湿式喷淋系统的组成部分基本相同，但也有不同，主要不同的地方是：①干式喷淋系统需要有气路（包括气源、供气管道及气动阀等部分），而湿式喷淋系统不需要；②在供水控制阀方面：湿式喷淋系统的供水控制阀用的是湿式报警阀，而干式喷淋系统的供水控制阀用的是干式报警阀。

1. 产品介绍

（1）干式报警阀 干式报警阀是干式喷淋系统的重要部件，当发生火灾事故时，它自动打开向喷淋系统供水灭火。干式报警阀如图 2-1-32 所示。

（2）气瓶 气瓶是干式喷淋系统的气源部分，气瓶如图 2-1-33 所示。

图 2-1-32 干式报警阀

图 2-1-33 消防供气室

（3）气动阀　气动阀是用来调节供气量大小的阀门，如图 2-1-34 和图 2-1-35 所示。

图 2-1-34　气动阀

图 2-1-35　气动阀及法兰

2. 干式喷淋系统的工作原理

（1）干式喷淋系统部件的工作原理

1）干式报警阀。干式报警阀的工作原理如图 2-1-36 和图 2-1-37 所示。

未发生火灾时，消防管网内充满了压力气体，气体压力方向如图 2-1-36 所示，堵头被气体紧紧压在进水管道的出水入口，该出水入口被封闭，气体通过气隙进入出水口，并通过出水口进入消防管网。

发生火灾时，闭式喷头的玻璃球爆裂，消防管网中的气体泄漏，气体压力迅速减小，进水压力加上弹簧的作用力大于气体的压力，压力方向如图 2-1-37 所示，堵头被推到上面，堵头封闭了气口，同时，开启了进水管道的出水入口，消防水由出水口进入消防管网灭火。

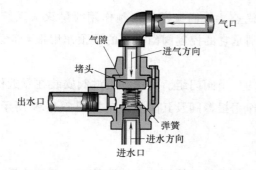

图 2-1-36　干式报警阀进气状态示意图

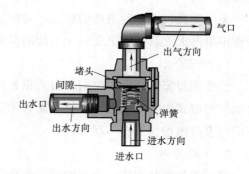

图 2-1-37　干式报警阀进水状态示意图

2）气动阀。气动阀的结构示意图如图 2-1-38 所示。

气动阀是一种可以根据气体压力大小自动调节喷气量的设备，它的工作原理是：当气体压力发生变化时（以增大为例说明），波纹管增长，当波纹管的推力大于弹簧的作用力时，推动杠杆 2 逆时针转动，带动挡板堵住喷嘴，减少进气量。使消防管网压力不至于增加太多（或保持平衡）。

气动调节阀可以调节动作的阈值，具体方法是：通过调节改变平板的高低，带动摆杆移动，摆杆推动轴运动，轴又带动偏心凸轮转动，偏心凸轮通过滚轮带动杠杆 1 发生偏转，弹簧被拉紧或放松。从而改变杠杆 2 上的作用力的大小，达到改变动作阈值的目的。

（2）干式喷淋系统的工作原理

工作原理： 当无火灾发生时，气源通过干式报警阀向消防管网中充入空气或惰性气体。这样即使周围环境温度降到0℃以下，也不会因为消防冷却水因温度变化结冰而影响救火（管网阻塞）或造成事故（管网爆裂）。

当有火灾发生时，首先是报警探测器将探测到的信号传送给报警控制器，由报警控制器起动消防喷淋泵，向消防管网加压供水。火灾区域温度上升到某一设定值

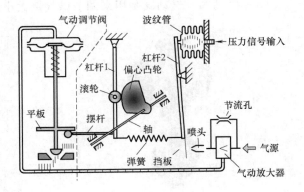

图 2-1-38　气动阀的结构示意图

时，喷头的玻璃球突然爆裂，消防管网中的气体泄放出来，造成干式报警阀开启，消防冷却水流入消防管网，并通过消防管网将消防冷却水运送到喷头，再由开启着的喷头撒向着火点，达到降温灭火的目的。

（三）预作用喷淋灭火系统

湿式喷淋灭火系统的优点是反应迅速，设备简单及维护方便；缺点是不能用于温度较低易结冰的场所和误爆（指探头的玻璃球）损失较大的场所。

干式喷淋灭火系统和湿式喷淋灭火系统的特点正好相反，它的优点是能用于温度较低易结冰的场所和误爆（指探头的玻璃球）损失较大的场所；缺点是反应较慢，设备复杂及维护麻烦。

为了克服以上两种系统的缺点，发扬它们的优点。人们又开发出预作用喷淋灭火系统。预作用喷淋灭火系统和上面两个系统的最主要区别是它的控制阀门采用的是预作用报警阀。

1. 产品介绍

预作用报警阀是由雨淋阀和湿式报警阀组成的一个阀门组。其中，雨淋阀安装在靠近供水侧，而湿式报警阀安装在靠近消防管网侧。预作用报警阀及其附加设备如图2-1-39所示。不同厂家所附加的设备不尽相同。

2. 工作原理

湿式报警阀相当于一个单向阀，它保障水流只能由供水管网流向消防管网，而不能反向流动（保障消防管网中的存留水不会污染生活用水）。雨淋阀相当于一个电磁闸阀，当报警探测器探测到火灾信号时，火灾报警控制器控制电磁阀打开排气（系统原为干式），气体排出后，因为压差关系雨淋阀开启，向消防管网充水（系统变为湿式），只有达到着火点温度时闭式喷头的玻璃球爆裂，闭式喷头开启，开始喷水灭火。雨淋阀的详细工作原理会在下面的章节里加以介绍。

3. 使用场所

预作用喷淋灭火系统既克服了干式喷淋灭火系统灭火效率低的缺点，又克服了湿式喷淋灭火系统容易产生水渍的缺陷。因此，常常用于图书馆、档案室等存储贵重物品的场所。

三、开放式喷淋灭火系统

（一）雨淋灭火系统

雨淋灭火系统因为其灭火效率高、反应迅速及灭火控制面积大而得到广泛的应用，雨淋灭火系统按照出水口的形状不同可以分为开式喷头雨淋系统和空管式雨淋系统两类。

1. 产品介绍

雨淋灭火系统和前面介绍的湿式喷淋灭火系统结构基本相同，所不同的主要是雨淋阀（湿式喷淋系统为湿式报警阀）和开式喷头（湿式喷淋系统为闭式喷头）。

（1）雨淋阀　湿式报警阀相当于一个单向阀，只允许水由给水管网流向消防管网；雨淋阀相当于一个压差阀门，当控制压差变化时打开阀门，让水由给水管网流向消防管网。直通式雨淋阀如图 2-1-40 所示（雨淋阀分为角式及直通式两种）。

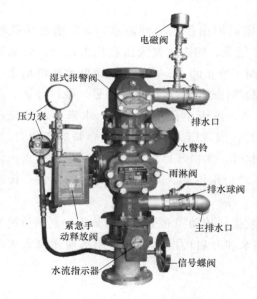

图 2-1-39　预作用阀及其附件

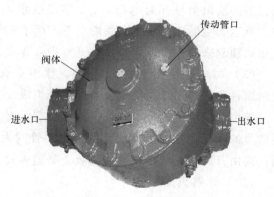

图 2-1-40　直通式雨淋阀

（2）开式喷头　开式喷头没有"玻璃球"堵头，所以，火灾报警控制器一旦接到火灾报警信号而开启雨淋阀和喷淋泵时，开式喷头就会喷水灭火。而不像闭式系统必须具备以下两个条件时才喷火灭火：

①火灾报警信号通过火灾报警控制器开启喷淋泵；

②闭式喷头的玻璃球因为现场温度上升而爆裂。

开式喷头如图 2-1-41 和图 2-1-42 所示。

（3）电磁阀　电磁阀是雨淋灭火系统中控制雨淋阀是否开启的一个控制设备，当火灾报警控制器发出控制信号时，电磁阀开启，改变雨淋阀的压差，从而开启雨淋阀喷水灭火。电磁阀如图 2-1-43 所示。

2. 工作原理

（1）雨淋阀的工作原理　雨淋阀的结构如图 2-1-44 所示。

图 2-1-41　双臂开式喷头

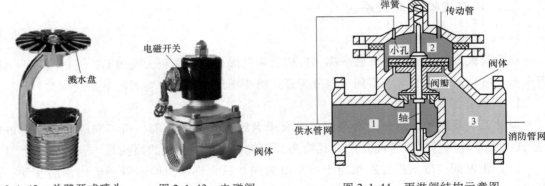

图 2-1-42 单臂开式喷头　　　图 2-1-43 电磁阀　　　图 2-1-44 雨淋阀结构示意图

如图 2-1-44 所示，1 室和 2 室的小孔接到供水管网上，电磁阀接到 2 室的传动管上，3 室接到消防管网上。

无火灾发生时，电磁阀是关闭的，1 室和 2 室同时由供水管网给水（2 室通过小孔给水），两室作用在阀瓣上的水压相等，在弹簧的作用下，阀瓣被紧紧压在出水口上，供水管网中的水无法进入消防管网中，消防管网中只充满了静止的水，喷头中无消防水喷淋出来。

发生火灾时，火灾报警控制器接收到火灾探测器传过来的火灾报警信号，经过分析、判断，最终输出信号开启电磁阀，2 室里的水流出来，由于小孔孔径太小，水来不及补充进来，所以 2 室的水压减小，阀瓣上下产生了压力差；当该压力差足够克服弹簧的作用力时，阀瓣被顶起来，水可以自由地由 1 室进入 3 室，此时，水由开启喷头中喷洒而出进行灭火。

（2）雨淋灭火系统的工作原理　雨淋灭火系统由雨淋阀、开式喷头、探测元件、传动控制组件、管路系统及给水设备等部分组成。

其中，探测元件负责监视探测区域有无火灾发生；传动控制组件负责分析、判断传过来的信号的真伪，并控制给水设备工作向管网内供水和开启雨淋阀将消防用水输送到火灾现场；再由开式喷头喷洒在火灾区域，降温灭火。

（二）水幕灭火系统

水幕灭火系统是唯一不以灭火为目的的系统，它的主要作用是建立防火分断，将较大的区域分割成一个一个的防火分区，减小火灾过火面积或建立安全区域。

1. 产品介绍

水幕灭火系统和雨淋灭火系统结构基本相同，唯一不同的是喷头。所以这里只介绍喷头。

水幕灭火系统的喷头是一种开放式喷头（即开式喷头），单只布置时，将水喷洒成水帘状；多只成组布置时可形成一道水幕。

按照喷头结构及用途分有：幕帘式、窗口式和檐口式。

水幕灭火系统的喷头外形如图 2-1-45 所示。

2. 水幕灭火系统简介

水幕灭火系统又分为防护冷却水幕灭火系统和防火分隔水幕灭火系统两大类。其中，防护冷却水幕灭火系统主要用于简易防火分隔物（如防火卷帘门、防火墙等）前面，对该防

火分隔物进行冷却，提高其防火性能，阻止火势蔓延。防火分隔水幕
灭火系统的主要作用是（不易安装防火分隔物时）形成水帘或水幕，
起到防火墙的作用，阻止火势的蔓延。

喷水口

　　水幕灭火系统由火灾报警控制系统、控制阀门系统、带水幕喷头
的自动喷水灭火系统三部分组成。所用的设备与雨淋灭火系统相同。

　　水幕灭火系统的作用方式和工作原理与雨淋灭火系统相同，当发
生火灾时，由火灾探测器或人发现火灾，电动或手动开启控制阀，然
后系统通过喷头喷水，进行阻火、隔火或冷却防火隔断物。控制阀可
以是雨淋阀、电磁阀和手动闸阀。

图 2-1-45　水幕灭火系统
的喷头（属于开启式）

　　3. 水幕灭火系统的安装位置及适用场所

　　（1）安装位置及作用　水幕灭火系统可安装在舞台口、门窗、
孔洞用来阻火、隔断火源，使火灾不致通过这些通道蔓延。水幕灭火系统还可以配合防火卷
帘、防火幕等一起使用，用来冷却这些防火隔断物，以增强它们的耐火性能。水幕灭火系统
还可作为防火分区的手段，在建筑面积超过防火分区的规定要求，而工艺要求又不允许设防
火隔断物时，可采用水幕灭火系统来代替防火隔断设施。

　　（2）适用范围

　　1）超过 1500 个座位的剧院和超过 2000 个座位的会堂、礼堂的舞台口，以及与舞台相
连的侧台、后台的门窗洞口。

　　2）防火卷帘和防火幕的上部。

　　3）应设防火墙、防火门等隔断物，而又无法设置的开口部位。相邻建筑之间的防火间
距不能满足要求时，面向相邻建筑物的门、窗、孔洞处以及可燃的屋檐下。

　　（三）水雾灭火系统

　　水雾灭火系统是将高压水通过特殊构造的水雾喷头，呈雾状喷出，雾状水滴的平均粒径
一般在 $100 \sim 700 \mu m$ 之间。水雾喷向燃烧物，通过冷却、窒息、稀释等作用扑灭火灾。

　　1. 产品介绍

　　水雾灭火系统和雨淋系统结构也基本相同，所不同的主要有水雾喷头及高压供水设备两
个部分。

　　（1）水雾喷头　水雾喷头是将具有一定压力的水，通过离心作用、机械撞击作用或机械强化
作用，使其形成雾状喷向保护对象的一种开式喷头。常用的有中速水雾喷头（又称为撞击雾化喷
头）和高速水雾喷头（又称为离心雾化喷头）。水雾喷头如图 2-1-46 和图 2-1-47 所示。

　　（2）高压供水设备　高压供水设备包括稳压泵和高压主泵两部分，无火灾发生时，稳
压泵工作向管网供应低压水。火灾发生时，高压主泵工作向管网供应高压水。

　　高压主泵实物图如图 2-1-48 所示，主要由动力端、液力端、传送带、电动机与机架等
部分组成。

　　（3）区域控制阀组　主要由电动阀（又称为控制阀）、供水球阀、压力开关及压力表等
组成。区域控制阀组实物图如图 2-1-49 所示。

出水口

转盘

出水口

图 2-1-46　高速水雾喷头（属于开启式）

图 2-1-47　中速水雾喷头
（属于开启式）

图 2-1-48　高压主泵实物图

压力表

图 2-1-49　区域控制阀组实物图

2. 组成和工作原理

水雾灭火系统根据需要可设计成固定式和移动式两种。移动式是从消火栓或消防水泵上接出水带，安装喷雾水枪。移动式可作为固定式水雾系统的辅助系统。

固定式水雾灭火系统一般由水雾喷头、管网、高压水供水设备、控制阀、火灾探测自动控制系统等组成。

工作原理： 水雾灭火系统，平时管网里充以低压水，火灾发生时，由火灾探测器探测到火灾，通过控制箱，电动开启着火区域的控制阀，或由火灾探测传动系统自动开启着火区域的控制阀和消防水泵，管网水压增大，当水压大于一定值时，水雾喷头上的压力起动帽脱落，喷头一起喷水灭火。

3. 适用范围和主要特点

水雾灭火系统主要用于扑救贮存易燃液体场所贮罐的火灾，也可用于有火灾危险的工业装置，有粉尘火灾（爆炸）危险的车间，以及电气、橡胶等特殊可燃物的火灾危险场所。

使用水雾灭火系统时，应综合考虑保护对象性质和可燃物的火灾特性，以及周围环境等因素。

下列情况不应使用水雾灭火系统：

1）与水混合后起剧烈反应的物质，与水反应后发生危险的物质。

2）没有适当的溢流设备，没有排水设施的无盖容器。

3）装有加热运转温度 126℃ 以上的可燃性液压无盖容器。

4）高温物质和蒸馏时容易蒸发的物质，其沸腾后溢流出来的物质造成危险情况时。

5）对于运行时表面温度在 260℃ 以上的设备，当直接喷射会引起严重损坏设备的情况时。

水雾灭火系统的主要特点是：水压高，喷射出来的水滴小，分布均匀，水雾绝缘性好，在灭火时能产生大量的水蒸气，具有冷却灭火、窒息灭火作用。

本 章 小 结

1. 消防栓包括室外消防栓和室内消防栓两类。其中室内消防栓主要由水枪、水带、消火栓（又称为消防栓阀门）、消防管网及消防栓报警按钮等部分组成。室外消防栓由本体、阀座、阀瓣、排水阀、阀杆和接口等零部件组成。

2. 喷淋灭火系统主要由喷头、传动控制组件、消防管网、各种报警阀、水力警铃及各种传感器组成。

3. 喷淋灭火系统有闭式系统（包括湿式系统、干式系统、预作用系统和循环作用系统）和开放式系统（包括雨淋系统、水雾系统和水幕系统）两种类型。

4. 干式喷淋系统与湿式喷淋系统的主要区别是，①干式喷淋系统需要有气路（包括气源、供气管道及气动阀等部分），而湿式喷淋系统不需要；②在供水控制阀方面：湿式喷淋系统的供水控制阀用的是湿式报警阀，而干式喷淋系统的供水控制阀用的是干式报警阀。

5. 预作用灭火系统既克服了湿式系统不能用于温度较低易结冰的场所和误爆（指探头的玻璃球）损失较大的场所的缺点；又克服了干式系统反应较慢、设备复杂及维护麻烦的缺点。因此应用较为广泛。

6. 雨淋系统与闭式系统的最大区别在于采用了开式喷头（该喷头没有堵头）。因此不适用于贵重物品场所或水渍造成危害较大的场所。

习　　题

1. 简述室内消防栓的使用方法。

2. 简述室内消防栓的布置要求。

3. 简述闭式系统与开放式系统的主要区别。

4. 湿式喷淋灭火系统由哪些部分组成？其中对湿式报警阀有哪些要求？

5. 干式喷淋灭火系统一般应用在哪些场所？它与湿式喷淋灭火系统的主要区别是什么？

6. 简述雨淋系统的工作原理。

7. 水幕灭火系统的作用是什么？适用于哪些范围？

第二章 气体灭火系统的使用及维护

【教学目标】

1. 了解气体灭火系统的种类及特点。

2. 了解几种气体灭火系统的结构、作用及使用范围。

3. 熟练掌握几种气体灭火系统的工作原理及安装使用方法。

【目标引入】

气体灭火系统主要用于一些特殊的、用水不能满足要求的场所。气体灭火系统因为灭火效率高、损失小而得到一定的应用，但也因为造价贵、易泄漏而限制了其使用范围。

气体灭火系统通常分为卤代烷灭火系统、二氧化碳灭火系统、泡沫灭火系统、干粉灭火系统等几种类型。

气体灭火系统 { 卤代烷灭火系统
二氧化碳灭火系统
泡沫灭火系统
干粉灭火系统

第一节 卤代烷灭火系统的使用及维护

【教学目的】

1. 了解卤代烷灭火系统的分类方法。

2. 了解卤代烷灭火的适用范围。

3. 了解1211灭火系统的组成。

4. 掌握1211灭火系统的工作原理。

5. 会安装及使用卤代烷灭火系统。

【教学环节】

一、卤代烷灭火系统简介

1. 分类

卤代烷灭火系统一般采用管网全淹没系统（注：气体灭火系统按其对防护对象的保护形式可分为全淹没系统和局部应用系统两种。其中，在规定时间内向防火区喷射一定浓度的灭火剂，并使其均匀地充满整个防护区的气体灭火系统就称为全淹没灭火系统）。按照灭火介质来分通常分为1211灭火系统及1301灭火系统。

2. 适用范围

卤代烷灭火系统一般可用于扑灭下列火灾。

1）可燃气体火灾：如煤气、甲烷等的火灾。

2）液体火灾：如汽油、乙醇等的火灾。

3）固体表面的火灾：如木材、纸张等表面的火灾。

4）电气火灾：如电子设备、发电机组等的火灾。

3. 设置规定

按照《建筑设计防火规范》及《高层民用建筑设计防火规范》的要求，下列场所应设置卤代烷灭火系统。

1）大中型计算机机房。

2）自备发电机房。

3）大中型图书馆、文物资料室、档案库等珍藏室。

4）电视发射设备室、精密仪器室、金库等贵重设备室。

二、卤代烷灭火系统的结构及工作原理

1. 结构

卤代烷灭火系统一般由监控系统、灭火剂储存及释放装置、管道及喷嘴三部分组成。

$$卤代烷灭火系统\begin{cases}监控系统\\灭火剂储存及释放装置\\管道及喷嘴\end{cases}$$

其中，监控系统又由火灾报警探测器、火灾报警控制器、手动控制箱、施放灭火剂显示灯、声光报警器等组成。

灭火剂储存及释放装置又由钢瓶、启动气瓶、瓶头阀、单向阀、分配瓶、压力开关、安全阀等组成。

2. 产品介绍

（1）手动控制箱　通过火灾报警控制器事先设置好每个手动操作键的功能，发生火灾时，可以人工按下该操作键启动输出设备，满足人工报警或减灾的目的。手动控制箱可以安装在火灾报警控制器上，也可以独立安装。独立安装的手动控制箱如图 2-2-1 所示。

（2）施放灭火剂显示灯　施放灭火剂显示灯的作用是：在施放灭火剂时，安装在建筑物外面的施放灭火剂显示灯亮，警示现场人员不得进入该区域。施放灭火剂显示灯如图 2-2-2 所示。

（3）钢瓶　钢瓶是储存气体（液化状态）灭火剂的容器，按照用途不同可以分为储存钢瓶和启动钢瓶。其中，储存钢瓶里面是卤代烷灭火剂，启动钢瓶里面是氮气。钢瓶如图 2-2-3 所示。

（4）瓶头阀　瓶头阀分为气动瓶头阀和电磁瓶头阀两种，气动瓶头阀安装在储存钢瓶上，是控制灭火剂是否释放的控制阀门。电磁瓶头阀安装在启动钢瓶上，通过火灾报警控制器给定的

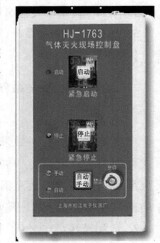

图 2-2-1　手动控制箱

电信号来驱动释放钢瓶内的氮气。

图 2-2-2 施放灭火剂显示灯

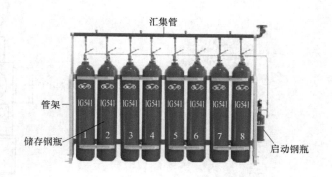

图 2-2-3 钢瓶及其构件

气动瓶头阀如图 2-2-4 所示。电磁瓶头阀如图 2-2-5 所示。

（5）气体喷头 气体喷头属于开式喷头，其外形如图 2-2-6 所示。

图 2-2-4 气动瓶头阀

图 2-2-5 电磁瓶头阀

图 2-2-6 气体喷头

（6）气体灭火控制器 气体灭火控制器专用于气体灭火系统中，是将自动探测、自动报警、自动灭火融为一体的控制设备。气体灭火控制器如图 2-2-7 所示。

3. 瓶头阀的工作原理

1）气体瓶头阀的工作原理。气体瓶头阀一般安装在储存灭火剂的钢瓶上，气体瓶头阀具有手动启动和气动启动两种启动方式。其中，手动启动原理如图 2-2-8 所示。发生火灾时，如果未能及时自动启动气体灭火装置，可改用手动启动方法。手动启动时，首先，应拔出保险销，然后再人工扳动手动手柄，开启气体瓶头阀。

气动启动原理如图 2-2-9 所示，发生火灾时，由火灾报警探测器将信号传递给火灾报警控制器，再由火灾报警控制器进行分析、判断，然后输出一个信号去开启启动气瓶。由启动气体推动气缸中的活塞杆，顶开气体瓶头阀的手柄，由手柄开启气体瓶头阀灭火。

2）电磁瓶头阀的工作原理。电磁瓶头阀一般安装在启动气瓶上，启动原理如图 2-2-10 所示。在启动气瓶的入口和出口之间有一个密封薄膜片，用以封闭启动气瓶内的启动气体。当发生火灾时，气体控制器发出灭火指令，使电磁瓶头阀内的电磁铁动作，带动瓶头阀内的闸刀运动，戳破密封薄膜片，打开电磁瓶头阀，释放启动气体。

图 2-2-7　气体灭火控制器

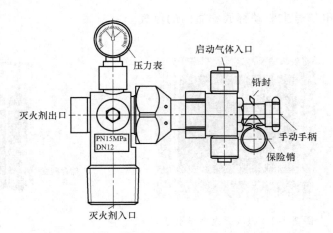

图 2-2-8　气体瓶头阀手动启动工作原理示意图

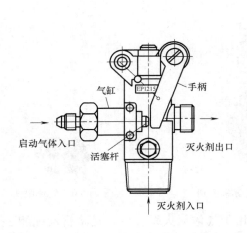

图 2-2-9　气动瓶头阀气动启动工作原理示意图

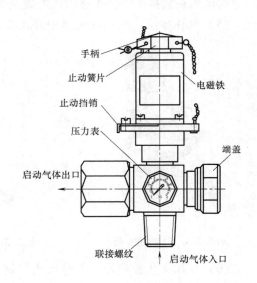

图 2-2-10　电磁瓶头阀工作原理示意图

4. 卤代烷灭火系统工作原理

1）卤代烷灭火系统工作流程。卤代烷灭火系统工作流程图如图 2-2-11 所示。发生火灾时，有手动或自动两种灭火方式。平时设置为自动灭火方式，当现场有人值班或由于某种原因自动灭火发生不能正常启动时改由手动灭火方式。

2）卤代烷灭火系统原理。这里以单元独立卤代烷灭火系统为例加以说明，单元独立卤代烷灭火系统结构示意图如图 2-2-12 所示。

当保护区内发生火灾时，有两种以上火灾探测器探测到火灾信号，由火灾报警控制器分析、判断后，送给气体灭火控制器。再由气体灭火控制器启动（启动钢瓶上的）电磁瓶头阀，启动气体通过启动气体输送管道开启（储存钢瓶上的）气体瓶头阀，灭火剂沿灭火剂输送管道送达到保护区的喷头（又称为喷嘴），喷洒灭火剂灭火。

下面分析组合分配卤代烷灭火系统的工作原理，如图 2-2-13 所示。

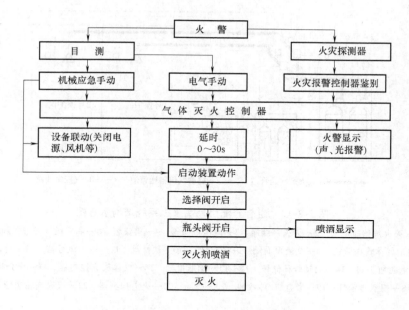

图 2-2-11 卤代烷灭火系统工作流程图

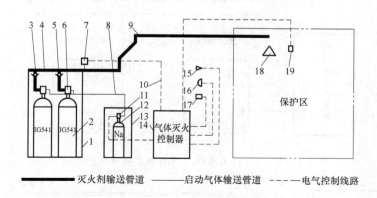

图 2-2-12 单元独立卤代烷灭火系统结构示意图

1—灭火剂储瓶框架 2—灭火剂储瓶 3—减压单向阀 4—集流管 5—高压软管 6—瓶头阀

7—压力讯号器 8—启动气体输送管道 9—灭火剂输送管道 10—控制线路 11—电磁瓶头阀

12—启动气体储瓶 13—启动储瓶框架 14—气体灭火控制器 15—声光报警器

16—喷洒指示灯 17—紧急启/停按钮 18—喷嘴 19—火灾探测器

组合分配卤代烷灭火系统多了一个选择阀,选择阀可以控制灭火剂的流动方向,让灭火剂通过打开的选择阀流向发生火灾的保护区。

3)气体灭火控制器及其连接。气体灭火控制器可以单独使用,也可以和火灾报警控制器联合使用。

单独使用时气体灭火控制器与紧急手动按钮的连接图如图 2-2-14 所示。

气体灭火控制器与火灾报警控制器联动控制连接图如图 2-2-15 所示。

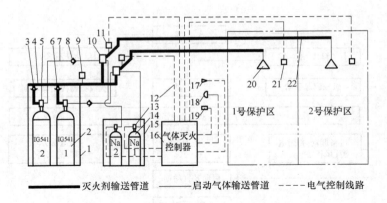

图 2-2-13　组合分配卤代烷灭火系统结构示意图

1—灭火剂储瓶框架　2—灭火剂储瓶　3—减压单向阀　4—集流管　5—瓶头阀　6—高压软管
7—启动气体输送管道　8—气流单向阀　9—安全阀　10—选择阀　11—压力讯号器　12—控制线路
13—电磁瓶头阀　14—启动气体储瓶　15—启动储瓶框架　16—气体灭火控制器　17—声光报警器
18—喷洒指示灯　19—紧急启/停按钮　20—喷嘴　21—火灾探测器　22—灭火剂输送管道

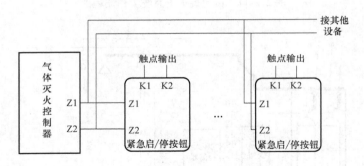

图 2-2-14　气体灭火控制器与紧急手动按钮的连接图

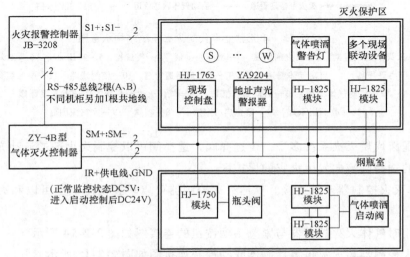

图 2-2-15　气体灭火控制器与火灾报警控制器联动控制连接图

图 2-2-15 中，Ⓢ表示感烟火灾探测器，Ⓦ表示感温火灾探测器。

第二节　二氧化碳灭火系统的使用及维护

【教学目的】

1. 了解二氧化碳灭火系统的特点及应用范围。

2. 了解二氧化碳灭火系统的结构。

3. 掌握二氧化碳灭火系统的控制过程。

【教学环节】

二氧化碳灭火系统与卤代烷灭火系统都属于气体灭火系统，因此，它们在结构上基本相同。但它们使用的灭火剂不一样，所以二氧化碳灭火系统也有一些它自己的特点。

一、二氧化碳灭火系统的特点及应用范围

1. 特点

二氧化碳灭火系统具有灭火迅速、空间淹没性好、不导电、不污染环境及没有水渍损失等优点；但也有造价较高（同卤代烷灭火系统相比）及在封闭环境内容易造成人员窒息等缺点。二氧化碳灭火系统一般用于较重要的场所。

2. 扑救火灾类型

二氧化碳可以扑救的火灾有电气火灾、气体火灾、液体或可溶化固体火灾、固体表面火灾及部分固体深位火灾等。

3. 应用范围

1）图书馆、档案室等重要资料库房。

2）变配电室、通信机房及中心控制室等重要设备室。

4. 注意事项

不宜用二氧化碳扑救的火灾有：金属氧化物的火灾、活泼金属的火灾及含氧化剂的化学品的火灾等。

二、二氧化碳灭火系统的结构

二氧化碳灭火系统与前面介绍的卤代烷灭火系统结构大致相同，这里只介绍不同的地方。

二氧化碳灭火系统也分为全淹没灭火系统和局部应用灭火系统两种方式，下面介绍全淹没灭火系统。

1. 产品介绍

（1）气体称重装置　由于封闭的环境内，二氧化碳的泄漏会造成人员的重大伤亡事故（窒息），所以二氧化碳灭火系统中加装了气体称重装置。称重装置的外形如图 2-2-16 所示。

称重装置

钢瓶

图 2-2-16　称重装置

（2）钢瓶　和卤代烷灭火系统的结构基本系统，不过储存钢瓶内装的灭火剂是二氧化碳，如图 2-2-17 和图 2-2-18 所示。

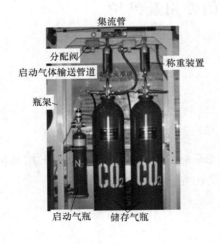

图 2-2-17　钢瓶（气瓶）

图 2-2-18　钢瓶及管道（集气、启动气体）

2. 系统组成

二氧化碳灭火系统也有单元独立气体灭火系统和组合分配气体灭火系统两种构成形式。每种形式又由监控系统、灭火剂储存及释放装置、管道及喷嘴三部分组成。

三、二氧化碳灭火系统的控制过程

1. 气体称重装置的工作原理

称重装置就像一个带弹簧秤的电子开关，当由于泄漏造成储存钢瓶内气体减少超过气体总重量的 5% 时，电子开关接通发出报警信号。

2. 控制过程

有人工作的保护区内，为了防止喷出二氧化碳毒害工作人员的健康，在人员入室前应将开关转到手动位置，离开后再将开关复位到自动位置。

自动控制流程： 发生火灾时，系统自动关断保护区内的送、排风机，启动声光报警器。并通过火灾报警控制器启动气体瓶头阀，向保护区内喷洒二氧化碳气体进行灭火。二氧化碳灭火系统自动释放过程流程图如图 2-2-19 所示。

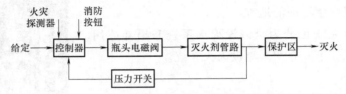

图 2-2-19　二氧化碳灭火系统自动释放过程流程图

也可以由现场人员根据实际情况，按下手动按钮启动喷射。二氧化碳灭火系统手动释放过程流程图如图 2-2-20 所示。

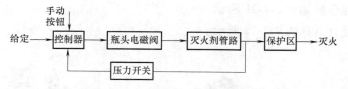

图 2-2-20　二氧化碳灭火系统手动释放过程流程图

第三节　泡沫灭火系统的使用及维护

【教学目的】

1. 掌握泡沫灭火系统的定义及特点。

2. 掌握泡沫灭火系统的分类及构成。

3. 掌握泡沫灭火系统的工作原理。

【教学环节】

一、泡沫灭火系统的定义及特点

1. 定义

泡沫灭火是指将水和泡沫剂按照一定的比例混合成泡沫混合液（简称为泡沫液），再将泡沫液喷射到着火点上，通过泡沫层的冷却、隔绝氧气和抑制燃料蒸发等作用，达到扑灭火灾的目的。

泡沫液根据泡沫剂的不同可以分为化学泡沫液和空气泡沫液两种，其中，化学泡沫液主要应用在小型初期火灾上，空气泡沫液应用于较大型的火灾上。

2. 特点

（空气泡沫液）泡沫灭火系统具有经济实用、灭火效率高、灭火剂无毒及安全可靠等特点，所以应用前景较广阔。

二、泡沫灭火系统的分类及构成

1. 分类

按照发泡性能的不同可以分为低倍数、中倍数及高倍数灭火系统三类。

2. 构成

泡沫灭火系统主要由灭火设施及控制系统两部分组成。

其中，灭火设施由消防水泵、消防水源、泡沫灭火剂储存装置、泡沫比例混合装置、泡沫产生装置及管道等部分组成。

控制系统由自动控制箱、火灾探测器、声光报警器等部分组成。

（1）产品介绍

1）泡沫比例混合装置。这类装置类型较多，常用的有线管式比例混合器、压力式比例混合器及平衡式比例混合器等。

线管式比例混合器如图 2-2-21 所示。

压力式比例混合器如图 2-2-22 所示。

图 2-2-21　线管式比例混合器外形图

图 2-2-22　压力式比例混合器外形图

平衡比例混合器如图 2-2-23 所示。

2）泡沫产生装置。泡沫产生装置包括 PC 泡沫产生器、空气泡沫炮（及枪）和泡沫喷头等。PC 泡沫产生器一般固定安装在油罐上，如图 2-2-24 所示。

图 2-2-23　平衡比例混合器外形图

图 2-2-24　泡沫产生器外形图

泡沫炮及泡沫枪一般可以移动使用，也可以固定安装在火灾现场。泡沫炮如图 2-2-25 和图 2-2-26 所示，泡沫枪如图 2-2-27 所示。

图 2-2-25　固定式泡沫炮外形图

图 2-2-26　移动式泡沫炮外形图

泡沫喷头如图 2-2-28 所示。

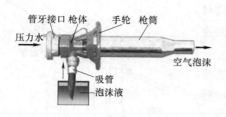

图 2-2-27 泡沫枪外形图

图 2-2-28 泡沫喷头外形图

（2）设备工作原理

1）线管式比例混合器的工作原理。线管式比例混合器结构如图 2-2-29 和图 2-2-30 所示。

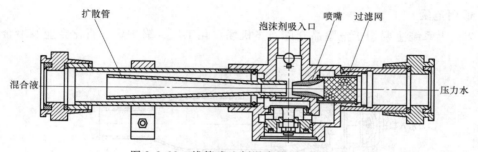

图 2-2-29 线管式比例混合器正面结构图

由图 2-2-29 可知，压力水通过过滤网的过滤后，经喷嘴与泡沫剂吸入口进来的泡沫剂进行混合，然后通过扩散管送出。

转动调节手柄就可以改变泡沫剂吸入口的开度，达到调节泡沫混合液比例的目的。

2）泡沫炮（枪）的工作原理。泡沫炮的工作原理如图 2-2-31、图 2-2-32 和图 2-2-33 所示。

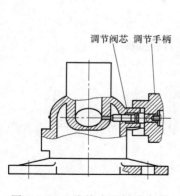

图 2-2-30 线管式比例混合器
侧面结构图

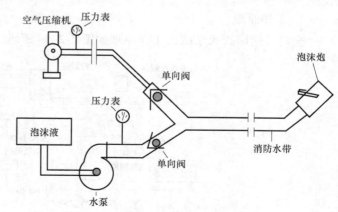

图 2-2-31 泡沫产生装置结构图

由图 2-2-31 可知，泡沫液通过水泵运送到消防水带内，再和空气压缩机运送来的高压气体进行混合，形成高压泡沫液。

由图 2-2-32 可知，高压泡沫液经过泡沫炮的喷嘴喷出时，由于喷嘴面积突然减小，造成液体流速加快。在喷嘴附近产生负压，吸入大量的空气而形成泡沫。

由图 2-2-33 可知，压力水先和泡沫液混合后形成高压泡沫液，高压泡沫液经过泡沫枪的喷嘴喷出时，由于喷嘴面积突然减小，造成液体流速加快。在喷嘴附近产生负压，吸入大量的空气而形成泡沫。

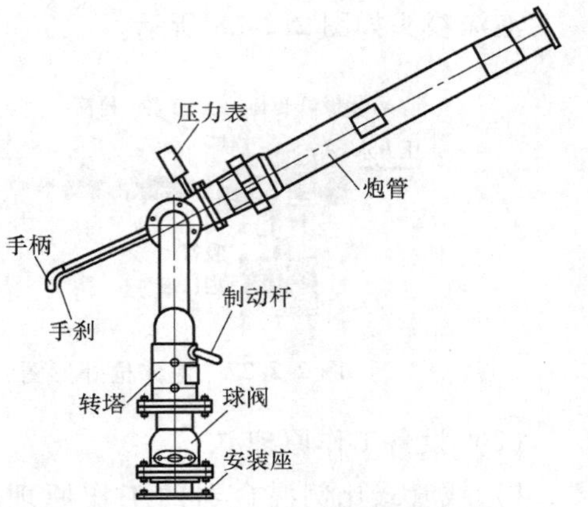

图 2-2-32　泡沫炮结构图

三、泡沫灭火系统的工作原理

1. 适用范围

泡沫灭火系统主要用于危险品仓库、飞机场、化工厂、锅炉房、石化企业及冶金企业等场所。

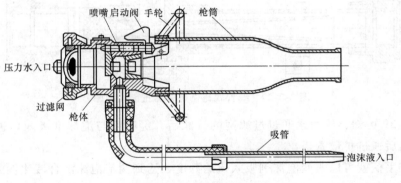

图 2-2-33　泡沫枪结构图

2. 工作原理

全淹没泡沫灭火系统的工作原理如图 2-2-34 所示。

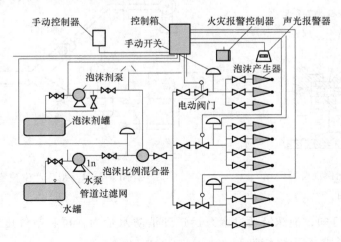

图 2-2-34　全淹没泡沫灭火系统工作原理示意图

当保护区发生火灾时，该区域内的火灾探测器发出报警信号并送到消防控制室，经火灾报警控制器分析、判断后，输出信号给控制箱，再由控制箱启动水泵及泡沫剂泵；同时打开电磁阀，泡沫剂和水进入泡沫比例混合器，按照规定的比例混合后，通过管道将泡沫混合液送到泡沫产生器产生大量的泡沫淹没被保护区域，扑灭火灾。

第四节　干粉灭火系统的使用及维护

【教学目的】

1. 掌握干粉灭火系统的定义及特点。

2. 掌握干粉灭火系统的分类及构成。

3. 掌握干粉灭火系统的工作原理。

【教学环节】

一、干粉灭火系统的定义及特点

1. 定义

干粉灭火系统是利用高压气体作为动力源来携带干粉，并通过输粉管道，经喷头（或喷枪）喷出并扑向火源，短时间内达到灭火目的的灭火系统。

2. 特点

具有灭火速度快、不导电及对环境要求不高等特点。和气体灭火系统相比，干粉灭火系统较经济。

二、干粉灭火系统的分类及构成

1. 分类

按喷放方式可分为局部喷射干粉系统和全淹没干粉系统两类。

（1）局部喷射干粉系统　局部喷射干粉系统是指通过喷嘴直接向火焰或燃烧表面喷射灭火剂，并在火焰周围建立起较高浓度（大于灭火点浓度）实施灭火的系统。局部喷射干粉系统的常用形式为悬吊式干粉灭火装置，悬吊式干粉自动灭火装置如图 2-2-35 和图 2-2-36 所示。

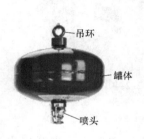

图 2-2-35　悬吊式干粉灭火装置

图 2-2-36　悬吊式干粉灭火装置安装位置图

悬吊式干粉灭火装置一般由吊环、罐体及喷头组成。罐体内装满了碳酸氢钠干粉灭火剂和驱动气体（即氮气）；喷头的出口部位堵住一个充满液体的玻璃泡。每一个悬吊式干粉灭火装置都可单独安装在保护点的上面。

（2）全淹没干粉系统 全淹没干粉系统是指将干粉灭火剂释放到整个防护区，并通过在防护区空间建立灭火点浓度来实施灭火的系统形式。该系统一般使用于封闭的区域内（即保护区）。全淹没干粉系统如图2-2-37所示。

全淹没干粉系统由灭火设备和自动控制设备两部分组成。其中，灭火设备又由干粉储罐、气瓶组、喷嘴（或喷枪）、干粉输送管道、阀门及过滤器等组成。自动控制设备由火灾探测器、火灾报警控制器、电磁瓶头阀等部分组成。

2. 产品介绍

（1）干粉储罐 干粉储罐是一个圆筒型压力容器，里面装着干粉灭火剂，如图2-2-38所示。

图2-2-37 全淹没干粉系统

图2-2-38 干粉储罐

（2）喷嘴 是干粉灭火系统的主要组成部分，由喷口、喷腔及接口等部分组成。常用的有直流喷嘴、扩散喷嘴及扇形喷嘴三种。其中，扇形喷嘴如图2-2-39和图2-2-40所示。

图2-2-39 未喷射状态的喷嘴

图2-2-40 喷射状态的喷嘴

3. 常用设备结构

（1）罐体结构 动力气体进入罐体后，在罐体上方形成一定压力，当开启出粉口时，气体携带干粉冲出干粉罐，形成气、粉混合物进行灭火。罐体结构如图2-2-41所示。

（2）喷嘴结构　由图2-2-42所示，扇形喷嘴在发生火灾时，首先由感温装置感受到温度的变化并发出报警信号，然后盖板打开，均匀地喷射出气、粉混合物灭火。

图 2-2-41　罐体结构示意图

三、干粉灭火系统的工作原理

1. 应用范围

适用范围：易燃、可燃液体燃料或可溶化的固体形成的火灾；可燃气体因压力喷射而形成的火灾；室内外变压器、油浸开关等电气设备形成的火灾；木材、纸张、棉纺及胶带等明火火灾；钾、钠、镁等活跃金属及化合物形成的火灾。

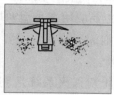

图 2-2-42　扇形喷嘴工作过程示意图

不适用范围：含氧化合物并在燃烧过程中能释放氧气的化合物火灾；燃烧过程中有阴燃的火灾；有精密仪器、精密电气设备及计算机等的场所发生的火灾。

应用场所：变配电机房；加油站、液压油库等液体燃料房及储罐；化学易熔品库房；档案室、资料库等重要文献场所。

2. 工作原理

干粉灭火系统的灭火设备如图2-2-43所示。当保护区域内发生火灾时，火灾探测器发出报警信号，并通过火灾报警控制器发出指令，开启启动钢瓶上的启动瓶头阀，让启动气体冲开启动瓶头阀，高压气体经过集气管、高压阀进入减压阀，再经减压后进入干粉罐，当罐内压力达到一定值后，通过压力开关或气缸打开输粉管道上的球形阀，由喷嘴喷射出粉、气化合物，扑灭火灾。

图 2-2-43　干粉灭火系统的灭火设备

本 章 小 结

1. 卤代烷灭火系统一般采用管网全淹没系统，按照灭火介质来分通常分为1211灭火系统及1301灭火系统。

2. 卤代烷灭火系统一般由监控系统、灭火剂储存及释放装置、管道及喷嘴三部分组成。

3. 二氧化碳灭火系统具有灭火迅速、空间淹没性好、不导电、不污染环境及没有水渍损失等优点；但也有造价较高（同卤代烷灭火系统相比）及在封闭环境内容易造成人员窒息等缺点。

4. 金属氧化物的火灾、活泼金属的火灾及含氧化剂的化学品等的火灾不能用二氧化碳扑救。

5. 气体称重装置就像一个带弹簧秤的电子开关，当由于泄漏造成储存钢瓶内气体减少超过气体总重量的5%时，电子开关接通发出报警信号。

6. 泡沫灭火是指将水和泡沫剂按照一定的比例混合成泡沫混合液（简称为泡沫液），再将泡沫液喷射到着火点上，通过泡沫层的冷却、隔绝氧气和抑制燃料蒸发等作用，达到扑灭火灾的目的。泡沫液根据泡沫剂的不同可以分为化学泡沫液和空气泡沫液两种，其中，化学泡沫液主要应用在小型初期火灾上，空气泡沫液应用于较大型的火灾上。

7. 泡沫灭火系统主要用于危险品仓库、飞机场、化工厂、锅炉房、石化企业及冶金企业等场所。

8. 干粉灭火系统是利用高压气体作为动力源来携带干粉，并通过输粉管道，经喷头（或喷枪）喷出并扑向火源，短时间内达到灭火目的的灭火系统。按喷放方式可分为：全淹没干粉系统和局部喷射干粉系统两类。

习　　题

1. 哪些场所应设置卤代烷灭火系统？

2. 简述卤代烷灭火系统的结构及电磁瓶头阀的工作原理。

3. 画出卤代烷灭火系统工作流程图。

4. 简述二氧化碳灭火系统的特点。

5. 简述气体称重装置的作用。

6. 简述泡沫灭火系统的定义及特点。

7. 简述全淹没泡沫系统的工作原理。

8. 简述干粉灭火系统的应用范围。

第三章　消防减灾联动系统的使用及维护

【教学目标】

1. 了解防、排烟系统的作用、结构，会分析防、排烟系统的工作原理。

2. 了解防火（烟）物的作用，会安装、使用防火分隔设备。

3. 会分析、维护防火卷帘门的控制电路。

【目标引入】

消防减灾系统的目的是将火灾对人体的伤害减少到最低程度，常用的减灾系统由防排烟系统、正压风机系统、电动卷帘门（窗）系统（主要用于防火分隔）及电梯召唤系统等部分组成。

第一节　防排烟设施的使用及维护

【教学目的】

1. 熟悉防排烟的基本概念。

2. 了解防排烟设施的种类、组成及适用范围。

3. 了解防排烟设施的监控。

【教学环节】

一、概述

1. 防排烟系统的作用及内容

建筑火灾，尤其是高层建筑火灾的经验教训表明，火灾中对人体伤害最严重的是燃烧时所产生的烟雾；火灾死伤者中相当数量的人是因为烟雾中毒或窒息死亡。因此，设法形成一个无烟的避难场所是减少人员伤亡的重要手段。

防排烟系统的作用是在建筑物内创造一个无烟或烟气含量极低的疏散通道和安全区。

防排烟系统由防火分隔设施及防排烟设施两部分组成。

其中，防火分隔设施是指为了阻止火势蔓延，人为地将建筑面积较大的内部空间分割成若干较小防火内部空间的物体（包括：防火门、防火窗、防火卷帘门、防火阀、排烟阀及挡烟垂壁等）。

防排烟设施是指为了及时排除烟气，确保人员顺利疏散、安全避难的设施。通常分为自然排烟、机械加压送风排烟及机械排烟三种手段。

2. 对防排烟系统的要求

防排烟系统应按照暖通专业的工艺要求进行控制设计，具体要求如下：

1）消防控制中心应能及时监控防排烟设施的工作状态；并能进行联动控制及手动

控制。

2）发生火灾时，系统能根据实际情况自动或手动开启排烟阀，起动排烟风机；同时，又能关闭防烟阀（即封闭中央空调系统的进、出风口），让防烟区域内的中央空调系统关闭。

3）在排烟口、防火卷帘、挡烟垂壁、电动安全出口等执行机构处布置一个火灾探测器，并且一个探测器联动一个执行机构，对于大一些的厅室也可以几个探测器联动一组执行机构。

4）在消防通道及前室等处，应设置送风口，在火灾发生时，应能自动开启送风机（即设置正压送风设施）。

5）在排烟阀、防火阀、排烟风机、送风风机及空调机等处安装一些传感器，及时将它们的动作状态反馈到火灾报警控制器处。

二、防排烟设施的结构及工作原理

1. 产品简介

（1）排烟阀　排烟阀安装在排烟口上，平时处于关闭状态；发生火灾时，通过控制模块将排烟阀开启，向室外排烟。当室内温度达到280℃时，一部分排烟阀（即防火排烟阀）在感温探测器作用下，再次将排烟阀关闭，防止火焰由烟雾带到其他区域。排烟阀如图2-3-1所示。

（2）防火阀　一般安装在暖通系统或中央空调系统的出风口上，正常情况下，防火阀处于开启状态；发生火灾后，室内温度会逐渐上升，当风口温度达到70℃时，防火阀关闭。防止火焰通过风道由一个防火分区传递到另一个防火分区。防火阀如图2-3-2所示。

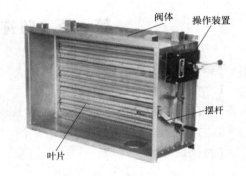

图2-3-1　排烟阀

（3）正压送风阀　一般安装在电梯前室及楼道等处的侧墙上，发生火灾时，叶片打开，室外空气进入小室，并通过铝合金送风口向室内加压，阻止烟雾向电梯前室及楼道内扩散，形成一个无烟或少烟的安全区。当室内温度达到280℃时，叶片关闭，如图2-3-3所示。

图2-3-2　防火阀

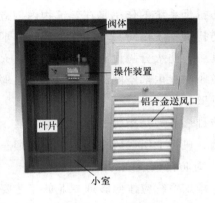

图2-3-3　正压送风阀

（4）（消防）排烟风机与（消防）防烟风机

1）（消防）排烟风机。消防排烟风机是排除室内烟雾（因为燃烧而产生的）的动力设备。一般要求消防排烟风机（普通的）可以做到通过风机烟气温度≥280℃时工作30min以上；消防排烟风机（有冷却系统的）可以做到通过风机烟气温度≥400℃时工作2h以上。

发生火灾时，消防排烟风机能自动或手动工作；当烟气温度达到280℃时，消防排烟风机要能立即停转，防止将火焰由一个消防分区传递到另一个消防分区。

> **注意：** 发生火灾时，一开始产生大量的烟雾，当温度达到280℃时，烟雾逐渐消失，而该空间逐渐被火焰包围。

2）（消防）防烟风机。即正压送风风机，是向室内（主要是楼梯间和前室）补充新鲜空气的电力设备，它通过补充空气形成正压，驱散烟雾。

防、排烟风机结构相同，如图2-3-4所示。

2. 结构及工作原理

（1）结构　排烟设施由排烟风机、排烟阀、排烟口、排烟风道及控制柜等部分组成，排烟设施一般用于室内、内走道及地下室等地方。

防烟设施由防烟风机、防烟阀、送风口、送风通道及控制柜等部分组成，防烟设施一般用于楼梯间、前室及封闭避难层（间）等地方。

图 2-3-4　防、排烟风机

（2）分类　防、排烟设施分为自然排烟方式、机械排烟方式、防烟加压送风方式及密封防烟方式四种。其中，机械排烟设施又分为局部排烟方式和集中排烟方式两种。

1）自然排烟方式。利用火灾产生的烟气流的浮力和外部风力作用，通过建筑物的对外开口，把烟气排至室外的排烟方式。实质是热烟气和冷空气的对流运动。

在自然排烟中，必须有冷空气的进口和热烟气的排出口。烟气排出口可以是建筑物的外窗，也可以是专门设置在侧墙上部的排烟口。对高层建筑来说，可采用专用的通风排烟竖井。

2）机械排烟方式。利用排烟机将着火房间中产生的烟气通过排烟口排到室外的排烟方式。

局部排烟方式是在每个需要排烟的部位设置独立的排烟风机直接进行排烟。

集中排烟方式是将建筑划分为若干个区，在每个区内设置排烟风机，通过排烟口和排烟竖井或风道利用设置在建筑物屋顶的排烟风机，排至室外。

3）防烟加压送风方式。对疏散通路的楼梯间进行机械送风，使其压力高于防烟楼梯间前室或消防电梯前室，而这些部位的压力又比走道和火灾区高些，从而可阻止烟气进入楼梯间。

4）密封防烟方式。对于面积较小，楼板耐火性能较好、密闭性好并采用防火门的房间，可以关闭防火门使火灾区与周围隔绝，防止烟雾侵入。这种方式多用于小面积房间。

部分防、排烟方式如图 2-3-5 所示。

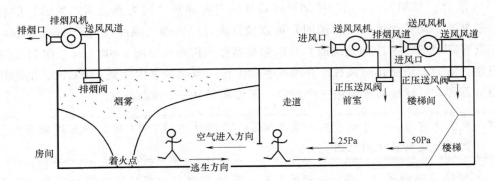

图 2-3-5　防、排烟方式示意图

（3）设置场所

1）高层建筑需要设置排烟设施的场所。

① 长度超过 20m 的内走道。

② 面积超过 100m² ，且经常有人停留或可燃物较多的房间。

③ 高层建筑物的中庭和有人停留或可燃物较多的地下室。

2）高层建筑物需要设置防烟设施的场所。

① 不具备自然排烟条件的防烟楼梯间、消防电梯前室及合用前室。

② 采用自然排烟条件的防烟楼梯间，但不具备自然排烟条件的前室。

③ 封闭避难层（间）。

④ 建筑高度超过 50m 的公共建筑和建筑高度超过 100m 的居住建筑的防烟楼梯间及前室，消防电梯前室及合用前室。

（4）工作原理

1）排烟设备的工作过程流程图及工作原理。流程图如图 2-3-6 所示。

工作原理如下。

第一阶段：火灾初期，火灾现场主要以烟雾为主。此时，感烟探测器将探测到的火灾信号传送到火灾报警控制器里，经过火灾报警控制器的对比、分析、判断，输出一个控制信号给控制柜（箱），由控制柜发出指令开启排烟阀，起动排烟风机；同时，启动警报设备，督促人员疏散。

第二阶段：火灾中期，烟雾逐渐减小，温度逐渐上升。当温度达到 280℃ 时，感温探测器将探测到的火灾信号传送到火灾报警控制器里，经过火灾报警控制器的对比、分析、判断，输出一个控制信号给控制柜（箱），由控制柜发出指令关闭排烟阀，排烟风机停转，排烟工作结束，正式进入扑灭火灾工作阶段。

2）防烟设备的工作过程流程图及工作原理。工作流程图如图 2-3-7 所示。

工作原理如下。

第一阶段：火灾初期，火灾现场主要以烟雾为主。此时，感烟探测器将探测到的火灾信号传送到火灾报警控制器里，经过火灾报警控制器的对比、分析、判断，输出一个控制信号

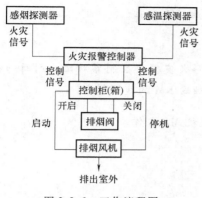

图 2-3-6 工作流程图

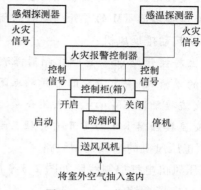

图 2-3-7 工作流程图

给控制柜（箱），由控制柜发出指令开启防烟阀，起动送风风机；在前厅和消防走道内形成正压，阻止烟雾进入前厅及消防走道，保障逃生通道的安全，利于人员疏散。

第二阶段：火灾中期，烟雾逐渐减小，温度逐渐上升；当温度达到280℃时，感温探测器将探测到的火灾信号传送到火灾报警控制器里，经过火灾报警控制器的对比、分析、判断，输出一个控制信号给控制柜（箱），由控制柜发出指令关闭防烟阀，送风风机停转，排烟工作结束，防止补充新鲜空气而助燃（注：此时消防通道内已有火苗）。

三、排烟、防烟风机的电气控制线路

1. 排烟风机的电气控制线路

排烟风机电气控制线路如图 2-3-8 所示。

（1）电路介绍

元件：电动机、交流接触器、热继电器、单输入/输出模块、熔断器及按钮等。

工作形式：有手动起动及自动起动两种工作形式。

其中，手动起动由按钮 SB1 来实现，主要用于有人在消防区域内发现火灾的情况（而此时火灾报警控制器并没有报火警）。

自动起动由火灾报警控制器来实现，它先由报警探测器感受到火灾信号，再经过火灾报警控制器的对比、分析、判断，最后将警报信号传送给控制柜里的单输入/输出模块，由输入/输出模块起动排烟风机（COM、NO、NC 分别是单输入/输出模块的公共输出端、常开输出端、常闭输出端）。

（2）工作原理

手动起动排烟风机：

合上转换开关 QS→按下按钮 SB1→交流接触器 KM 的线圈得电→

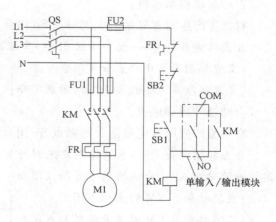

图 2-3-8 排烟风机电气控制线路

$$\left.\begin{array}{l}\text{交流接触器 KM 的主触点闭合}\\\text{交流接触器 KM 的常开辅助触点闭合}\end{array}\right\}\to\text{排烟风机 M1 工作。}$$

自动起动排烟风机：

合上转换开关 QS→感烟探测器探测到火灾发生→火灾报警控制器对比、判断→控制控制柜中的单输入/输出模块的常开触点闭合→交流接触器 KM 的线圈得电→

$$\left.\begin{array}{l}\text{交流接触器 KM 的主触点闭合}\\\text{交流接触器 KM 的常开辅助触点闭合}\end{array}\right\}\to\text{排烟风机 M1 工作。}$$

2. 正压风机的电气控制线路

正压风机电气控制线路如图 2-3-9 所示。

（1）电路介绍

元件：电动机、交流接触器、热继电器、单输入/输出模块、防火阀触点、熔断器及按钮等。

工作形式：有手动起动及自动起动两种工作形式。

其中，手动起动由按钮 SB1 来实现，主要用于有人在消防区域内发现火灾的情况下（而此时火灾报警控制器并没有报火警）。

自动起动由火灾报警控制器来实现，它先由报警探测器感受到火灾信号，再经过火灾报警控制器的对比、分析、判断，最后将警报信号传送给控制柜里的单输入/输出模块，由输入/输出模块起动正压风机（COM、NO、NC 分别是单输入/输出模块的公共输出端、常开输出端、常闭输出端）。当烟雾温度达到 280℃时，防火阀触点断开，正压风机停转。

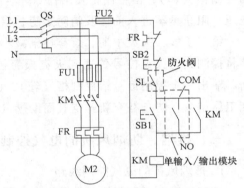

图 2-3-9　正压风机电气控制线路

（2）工作原理

手动起动排烟风机：

有烟雾产生时首先是防火阀触点 SL 闭合，然后，

合上转换开关 QS→按下按钮 SB1→交流接触器 KM 的线圈得电→

$$\left.\begin{array}{l}\text{交流接触器 KM 的主触点闭合}\\\text{交流接触器 KM 的常开辅助触点闭合}\end{array}\right\}\to\text{正压风机 M2 工作。}$$

自动起动排烟风机：

有烟雾产生时首先是防火阀触点 SL 闭合，然后，

合上转换开关 QS→感烟探测器探测到火灾发生→火灾报警控制器对比、判断→控制控制柜中的单输入/输出模块的常开触点闭合→交流接触器 KM 的线圈得电→

$$\left.\begin{array}{l}\text{交流接触器 KM 的主触点闭合}\\\text{交流接触器 KM 的常开辅助触点闭合}\end{array}\right\}\to\text{正压风机 M2 工作}\to\text{当烟雾温度达到}$$

280℃时→防火阀触点 SL 断开→交流接触器 KM 线圈失电→

$$\left.\begin{array}{l}\text{交流接触器 KM 的主触点断开}\\\text{交流接触器 KM 的常开辅助触点断开}\end{array}\right\}\rightarrow\text{正压风机 M2 停止工作。}$$

第二节 防烟（火）分隔设施的使用及维护

【教学目的】

1. 了解防烟、防火分区划分的原则和意义。

2. 掌握防烟（火）分隔的作用、设置要求及结构原理。

3. 会分析、维护防火卷帘门的电气控制线路。

【教学环节】

一、划分防烟、防火分区的目的、种类及作用

1. 划分目的

划分防烟分区的目的在于防止烟气扩散，主要设备有挡烟垂壁、挡烟壁或挡烟隔墙等。

划分防火分区的目的在于防止火势蔓延扩大，主要设备有防火门、防火卷帘、防火窗及防火水幕等。

2. 作用

防烟、防火设备的作用主要有：①将较大的建筑物内部空间分隔成较小的防火区域，这样可以减小过火面积，减少人员及财产损失；②在建筑物内部隔离出疏散通道或安全区，满足疏散、消防扑救及延长营救等待时间，减少人员伤亡。

其中，将建筑物内部空间划分为一个一个防烟、防火分区的设备称为防烟、防火分隔设施。

防火（烟）分隔设施是指能在一定时间内阻止火势蔓延，且能把建筑物内部空间分隔成若干个较小防火空间的物体。

一般情况下，对防火分隔设施的要求是：良好的隔热性能，足够的耐火性能和较好的密封性能。只有这样才能在一定的时间内，阻止或延缓火势的蔓延和烟雾的扩散。

二、防烟分隔设施

常用的防烟分隔设施有挡烟垂壁、挡烟壁或挡烟隔墙等，这里只介绍挡烟垂壁。

因为烟雾较轻，有通常向上走的特性，所以挡烟垂壁一般安装在房顶上。当发生火灾时，其垂落下来，可阻止烟雾及火焰的蔓延，如图 2-3-10 所示。

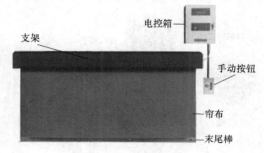

图 2-3-10 挡烟垂壁

注意：挡烟垂壁只有和排烟设备一起使用时才有效。

三、防火分隔设施

1. 防火门

防火门是指在一定时间内，连同框架能满足耐火稳定性、完整性和隔热性要求的门。它主要由门框、门扇、控制设备及附件等组成。

防火门一般安装在防火分区间、疏散楼梯口、垂直竖井等部位。

防火门按照材料的耐火极限可分为甲级防火门（耐火极限≥1.2h）、乙级防火门（耐火极限≥0.9h）和丙级防火门（耐火极限≥0.6h）；按照开闭状态可分为常开防火门和常闭防火门。

（1）产品介绍　防火门由门体（包括：门框、门扇、耐火材料填充物、耐火合页等）、闭门器、防火门释放器及控制设备等组成。

1）门体。门体有单扇和双扇之分，如图2-3-11、图2-3-12所示。

2）闭门器。闭门器有自动关闭防火门的作用，如图2-3-13所示。

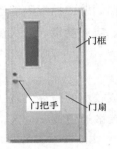

图2-3-11　单扇门

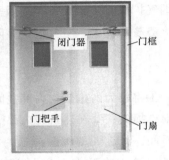

图2-3-12　双扇门

图2-3-13　闭门器

3）防火门释放器。防火门释放器有打开防火门的作用，如图2-3-14、图2-3-15所示。常用的有电磁门吸和电磁锁两类。

其中，电磁门吸的释放器主体安装固定在墙体上，吸板安装固定在门扇上；当需要开门时，给释放器主体通电，让电磁铁产生磁性而吸住吸板；当需要关门时，切断释放器主体的电源，电磁铁失去磁性，在闭门器弹簧作用下关门。

图2-3-14　防火门释放器

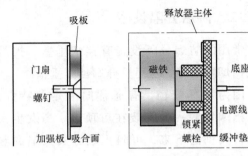

图2-3-15　防火门释放器结构图

电磁锁平时扣住防火门成开启状态，发生火灾时，由控制信号让固定销掉下，防火门在闭门器弹簧的作用下关闭，如图2-3-16所示。

（2）防火门的工作原理　常开防火门和常闭防火门的结构和控制原理不完全相同，下面分开讲述。

图 2-3-16　电磁锁

常闭防火门结构较简单，它只需要闭门器，而不需要防火门释放器。常闭防火门无论是平时还是发生火灾时都是处于关闭状态，防止火焰或烟雾由一个防火分区扩散到另一个防火分区。

> **注意：** 当有人通过防火门时，只要推力大于闭门器弹簧的作用，门就会打开；在人员通过后，闭门器又自动将防火门关闭。

常开防火门结构较复杂，它既需要闭门器，又需要防火门释放器。根据防火门释放器的种类不同又可分为电磁门吸和电磁锁两种。

常开防火门平时处于开启状态，方便人员出行；当发生火灾时，防火门处于关闭状态，防止火焰或烟雾由一个防火分区扩散到另一个防火分区。

1）电磁锁式防火门释放器的工作原理。电磁锁式防火门如图 2-3-17 所示。平时电磁锁的固定锁销扣住，防火门处于开启状态；发生火灾时，火灾报警探测器感测到防火分区内的火灾信号，并传送到火灾报警控制器里对比、分析、判断，然后发出指令给控制模块，使电磁锁固定销落下，防火门在弹簧推力的作用下关闭。

2）电磁门吸式防火门释放器的工作原理。电磁门吸式防火门如图 2-3-18 和图 2-3-19 所示，平时安装在电磁门上的吸板被安装在墙壁上的释放器主体牢牢吸住，防火门处于开启状态；发生火灾时，火灾报警探测器感测到防火分区内的火灾信号，并传送到防火门常开控制器，再由防火门常开控制器发出指令，使电磁门吸的线圈失电而电磁场消逝，防火门在闭

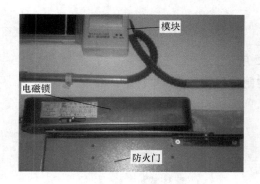

图 2-3-17　电磁锁式防火门

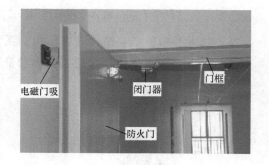

图 2-3-18　电磁门吸式防火门

图 2-3-19　电磁门吸式防火门原理框图

门器的弹簧推力的作用下关闭。另外，防火门常开控制器还能将防火门的状态反馈到报警中心。

（3）电动防火门的控制要求

1）重点保护的建筑物中电动防火门应在现场控制关闭，不宜在消防控制室集中控制。

2）防火门两侧应设专用的感烟探测器组成控制电路。

3）防火门宜选用平时不耗电的释放器，且宜暗设。

4）防火门关闭后，应有关闭信号反馈到区域显示盘或消防报警控制中心。

2. 防火卷帘

防火卷帘是指在一定时间内，连同框架能满足耐火稳定性和耐火完整性要求的卷帘。它平时卷起放在门窗上的转轴箱里；发生火灾时，放下展开，阻止火势的蔓延。

防火卷帘一般安装在消防电梯的前室、自动扶梯周围、中庭及每层走道、过厅、房间相通的开口部位等。

（1）产品介绍　电动防火卷帘由帘板、滚筒、托架、导轨及控制结构等组成。

1）防火卷帘。防火卷帘如图 2-3-20 和图 2-3-21 所示。

图 2-3-20　防火卷帘结构图　　　　图 2-3-21　防火卷帘（前室）安装位置图

2）防火卷帘门机。防火卷帘门机如图 2-3-22 所示。

3）防火卷帘手动控制按钮。防火卷帘手动控制按钮如图 2-3-23 所示。

图 2-3-22　防火卷帘门机　　　　　　图 2-3-23　控制按钮

（2）工作原理 正常时防火卷帘卷起，且用电锁锁住，方便人员进出。火灾发生时，防火卷帘放下，在建筑物内分隔出若干个小的防火分区，减少人员伤亡和财产损失。

防火卷帘自动放下要经过两个步骤完成：第一步，接到火灾报警信号后，防火卷帘先下放到距离地面1.2~1.8m的位置，并警报；第二步，当火势增大，温度达到一定值时（还有一些防火卷帘是延时一段时间），防火卷帘再次起动，一直下降到底。

另外，防火卷帘还可以手动升、降。

1）元件介绍。防火卷帘门控制电路如图2-3-24、图2-3-25和图2-3-26所示。

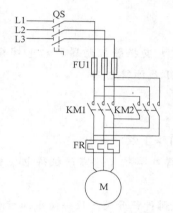

图2-3-24 防火卷帘门的主电路

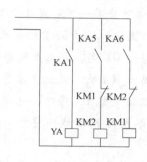

图2-3-25 防火卷帘门的控制电路1

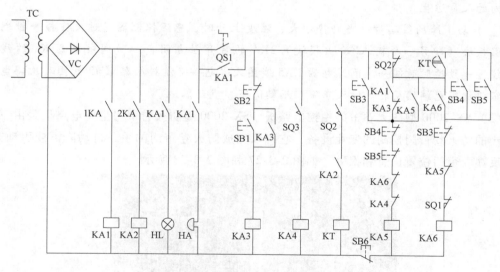

图2-3-26 防火卷帘门的控制电路2

其中，1KA是感烟探测器驱动模块的常开触点（正常情况下断开，有烟雾时闭合）；2KA是感温探测器驱动模块的常开触点（正常情况下断开，有火灾温度上升到一定值时闭合）。

M是防火卷帘门机。

KM1、KM2是控制电动机正反转的交流接触器；交流接触器KM1吸合卷帘门上升，交流接触器 KM2 吸合卷帘门下降。

YA 是电磁锁的线圈，YA 得电电磁锁打开，为防火卷帘门下降做准备；YA 失电电磁锁锁紧，防火卷帘门被固定。

QS1 为手动、自动开关卷帘门的选择开关，QS1 闭合时选择手动方式开启或关闭防火卷帘门；QS1 断开时选择自动方式开启防火卷帘门。

HL 为报警灯，HA 为报警用蜂鸣器。

KA1 ~ KA6 为中间继电器，KT 为时间继电器；SB1 ~ SB6 为按钮，SQ1 ~ SQ3 为行程开关。

2）工作原理。

①自动下降第一步：发生火灾时，感烟探测器通过火灾报警控制器驱动感烟模块（即输入/输出模块）1KA 的常开触点闭合→中间继电器 KA1 线圈得电→

报警灯 HL 亮，发出光报警信号。

蜂鸣器 HA 响，发出声报警信号。

电磁锁线圈 YA 得电，电磁锁打开，为防火卷帘门降下做准备→

中间继电器 KA5 线圈得电→交流接触器 KM2 线圈得电→防火卷帘门机得电反转→防火卷帘门降下。

当下降到离地面 1.2 ~ 1.8m 时，卷帘门上的挡铁碰到行程开关 SQ2→使中间继电器 KA5 线圈失电→交流接触器 KM2 线圈失电→防火卷帘门机失电→防火卷帘门停止下降→方便建筑物内的人员逃生。

②自动下降的第二步：当火势增大，温度上升时，感温探测器通过火灾报警控制器驱动感温模块（即另一个输入/输出模块）2KA 的常开触点闭合→时间继电器 KT 的线圈得电→经过一段延时时间→中间继电器 KA5 线圈又得电→交流接触器 KM2 线圈再次得电→防火卷帘门机得电继续反转→防火卷帘门继续降下，直到落地。

（3）SX-2000 型防火卷帘门主控电路板　SX-2000 型防火卷帘门主控电路板是由三星公司生产的防火卷帘门控制的专业设备，它可以完成防火卷帘门的手、自动降下或手动升起，并能反馈卷帘门位置信息和报警，如图 2-3-27 和图 2-3-28 所示。

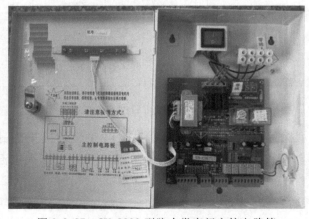

图 2-3-27　SX-2000 型防火卷帘门主控电路箱

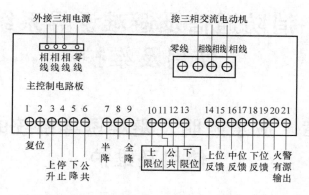

图 2-3-28　SX-2000 型防火卷帘门主控电路连接图

本 章 小 结

1. 防排烟设施是指为了及时排除烟气，确保人员顺利疏散、安全避难的设施。通常分为自然排烟、机械加压送风排烟及机械排烟三种手段。

2. 防、排烟设施分为自然排烟方式、机械排烟方式、防烟加压送风方式及密封防烟方式四种。排烟设施（加压送风方式）由排烟风机、排烟阀、排烟口、排烟风道及控制柜等部分组成；防烟设施（加压送风方式）由防烟风机、防烟阀、送风口、送风通道及控制柜等部分组成。

3. 划分防烟分区的目的在于防止烟气扩散；主要设备有挡烟垂壁、挡烟壁或挡烟隔墙等。划分防火分区的目的在于防止火势蔓延扩大；主要设备有防火门、防火卷帘、防火窗及防火水幕等。

4. 防火门按照材料的耐火极限可分为：甲级防火门（耐火极限≥1.2h）、乙级防火门（耐火极限≥0.9h）和丙级防火门（耐火极限≥0.6h）。

5. 防火卷帘是指在一定时间内，连同框架能满足耐火稳定性和耐火完整性要求的卷帘。它平时卷起放在门窗上的转轴箱里；发生火灾时，放下展开，阻止火势的蔓延。

习 题

1. 简述防排烟系统的作用及组成。

2. 防排烟系统的控制设计工艺要求有哪些？

3. 常用的防、排烟设施有哪些种类？

4. 简述排烟设备的工作过程流程图及工作原理。

5. 简述防烟、防火分隔设备的主要作用。

6. 防火门按照材料的耐火极限可分为哪几类？

7. 防火卷帘一般安装在哪些场所？

第三篇 消防通信及避难诱导系统的安装、使用及维护

第一章 应急照明及避难诱导系统的安装、使用及维护

【教学目标】

1. 了解设置应急照明的意义和作用，并会维护应急照明设备。
2. 了解安全出口、疏散走道等的设置要求，并能简单维护。

【目标引入】

发生火灾时，应急照明装置可以驱散黑暗，减少人们对黑暗的恐惧，防止踩踏事件的发生。而避难诱导系统可以帮助人们迅速逃离火灾现场，最大限度地保障生命安全。

第一节 应急照明设备的安装、使用及维护

【教学目的】

1. 了解设置应急照明的意义和作用。
2. 掌握应急照明的设置部位和设置要求。
3. 会维护应急照明设备。

【教学环节】

一、设置应急照明的意义及作用

火灾发生时，为了防止电线绝缘损坏而发生人员触电事故或发生电气火灾，人们一般是切断正常电源（即非消防电源）的。此时，火灾现场就会因为烟雾而视线模糊，黑暗的环境会在人们心理上造成巨大的恐惧，严重地影响人们的疏散速度和疏散成功率（因为不能正确判断疏散方向），甚至会引起踩踏事件的发生。所以，要求在切断正常电源的同时，迅速启动应急照明设备。

应急照明与疏散标志是指在突然停电或发生火灾而断电时，在重要的房间或建筑的主要通道，继续维持一定程度的照明，保证人员迅速疏散，及时对事故进行处理。

应急照明按供电方式分为集中供电式和分散供电式两种。

应急照明按照使用性质分为备用照明和安全照明两类。

二、应急照明设备的安装与使用

1. 应急照明设备简介

分散式供电应急照明系统主要由应急灯组成。其中，应急灯又由内置灯具、蓄电池、充

电器及自动转换电路等部分组成。

集中式供电应急照明系统主要由普通照明灯具和应急电源等部分组成。

2．产品介绍

（1）应急灯　正常情况下，应急灯处于关闭状态，停电或发生火灾断电时，应急灯亮。应急灯如图 3-1-1 所示。

（2）消防应急电源　它属于集中式供电应急照明系统中的设备，如图 3-1-2 所示。

图 3-1-1　应急灯

图 3-1-2　消防应急电源箱及结构图

3．工作原理

消防应急电源箱的电气原理框图如图 3-1-3 所示。

正常情况下，转换开关闭合，电源通过变配电后直接送到负载，让负载工作。另外，电源通过充电器给电池柜充电。

停电或因为火灾而停电时，储存在电池柜里的电能通过逆变器的转化，提供给负载使用。

发生特殊情况时，也可以通过计算机设定的程序，让微机控制器切断转换开关，将电池柜中储存的电能转化成交流电供给负载使用。

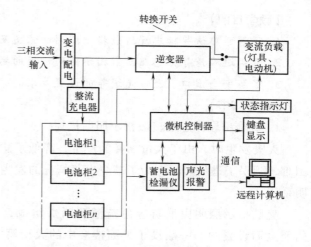

图 3-1-3　消防应急电源箱的电气原理框图

4．应急照明设备的要求

（1）供电要求　应急照明要采用双电源供电，除正常电源外，还要设置备用电源，并能够在末级应急照明配电箱实现备电自投。

（2）设置要求　应急照明设施通常有两类：一类为设置独立照明回路作为应急照明，这类应急照明灯具平时处于关闭状态（灯灭），只有发生火灾时才处于开启状态（灯亮）；另一类是利用正常照明的一部分灯具作为应急照明，这类应急照明灯具平时处于开启状态（和其他照明灯具一起亮），发生火灾时还处于开启状态（只有应急灯亮）。

实现正常照明和应急照明之间转换的设备是切换控制箱（或柜）。

（3）设置部位　高层建筑的下列部位应设置应急照明：

1）楼梯间、防烟楼梯间前室、消防电梯间及其前室、合用室和避难层（间）。

2）配电室、消防控制室、消防水泵室、防烟排烟机房、供应消防用电的蓄电池室、自备发电机房、电话总机房以及发生火灾时仍需坚持工作的其他房间。

3）观众厅、展览厅、多功能厅、餐厅和商业营业厅等人员密集的场所。

4）公共建筑内的疏散走道和居住建筑内走道长度超过20m的内走道。

5）疏散用的应急照明，其地面最低照度不应低于0.5lx，消防控制室、消防水泵房、防烟排烟机房、配电室和自备发电机房、电话总机房以及发生火灾时仍需坚持工作的其他房间的应急照明，仍应保证正常照明的照度。

（4）应急灯具的要求

1）消防应急照明灯具应急转换时间不大于5s。

2）消防应急照明灯具的应急工作时间不小于30min。

3）自带电源型消防应急照明灯具所用电池必须是全封闭免维护的充电电池，电池的使用寿命不小于4年，或全充、放电循环次数不小于400次。

第二节　避难诱导标志及疏散指示照明设备的安装、使用及维护

【教学目的】

1. 了解避难诱导标志及疏散指示照明的意义及作用。

2. 掌握避难诱导标志及疏散指示照明设置的场所及要求。

3. 了解安全出口、疏散走道等的设置要求。

【教学环节】

1. 避难诱导标志及疏散指示照明概述

火灾发生时，由于大量烟雾的产生，降低了建筑物内的能见度。这给疏散带来了极大的困难，延误了逃生时间。为了减少上述情况的发生，我们引入了避难诱导标志及疏散指示照明系统。

疏散指示照明由消防应急疏散照明灯组成，是为保障人员安全、迅速疏散提供必需的照度而设置的。一般设于平面楼层中的大型写字间、卫生间、公共走道及竖向楼梯间，其应急工作时间不低于90min，照度不低于0.5lx，以确保人员有足够时间能看清路面迅速疏散。

避难诱导标志由消防疏散指示标志灯及其他标志型式（例光致发光标志板）组成，目的是为人员安全、快速疏散提供明确的引导方向及途径。标志系统一般设于平面楼层中的公共走道及竖向楼梯中，其应急工作时间不低于90min，标志灯主标界面表面亮度不低于15cd/m²，以保证吸引人员的视觉注意。

其中，消防应急标志灯的功能主要有：①指示楼层、避难层及其他安全避难场所；②指示安全出口及疏散方向；③指示灭火器具的存放位置及方向；④指示禁止入内的通道、场所

及危险品存放处。

2. 产品介绍

（1）出口标志灯 安装在建筑物的出口位置，如图 3-1-4 所示。

（2）疏散指示标志灯 安装在疏散通道里，如图 3-1-5 和图 3-1-6 所示。

图 3-1-4 出口标志灯　　　图 3-1-5 双向疏散指示灯　　　图 3-1-6 单向疏散指示灯

（3）疏散指示地灯 安装在疏散通道的地面上，如图 3-1-7 所示。

（4）自发光疏散指示标志 该标志在有灯光照射时能吸收光源并储存起来（但必须规定相应照明光源、色温、距离、投射角并不间断地予以照射），发生火灾而断电时，它将吸收的光线释放出来。自发光疏散指示标志通常用于疏散通道或楼梯等场所，如图 3-1-8 和图 3-1-9 所示。

图 3-1-7 疏散指示地灯　　　图 3-1-8 有光线照射时标志　　　图 3-1-9 火灾时标志

3. 疏散指示标志灯及照明设置的场所及要求

（1）疏散指示标志及照明设置部位

1）消防栓处。

2）防、排烟控制箱、手动报警按钮、手动灭火装置处。

3）电梯入口处。

4）疏散楼梯的休息平台（即前厅）处、疏散走道、居住建筑内长度超过 20m 的内走道、公共出口处。

（2）疏散指示标志及照明设置要求

1）疏散指示照明的安装要求

① 疏散指示照明应设置在安全出口的顶部嵌入墙内安装。

② 或在安全出口门边墙上距地 2.2～2.5m 处明装。

2）疏散指示标志的安装要求

① 一般安装在疏散走道及转角处、消防楼梯及电梯处、楼（电）梯的休息平台等处。

② 安装高度：距地面 1m 以下嵌入墙内安装或在地面上（嵌入地面内）安装。

3）照度要求

① 疏散指示标志及照明要能提供足够的照度（一般取 0.5lx）。

② 疏散指示标志及照明要能维持足够的疏散时间（一般取 20~60min）。

4. 疏散指示标志及照明灯的控制电路及工作原理

疏散指示标志及照明灯的控制电路如图 3-1-10 和图 3-1-11 所示。

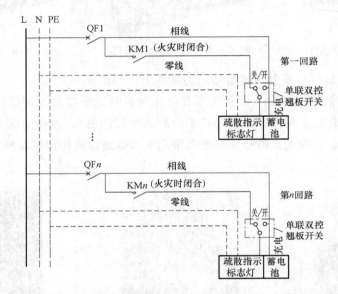

图 3-1-10　疏散指示标志及照明灯控制主电路

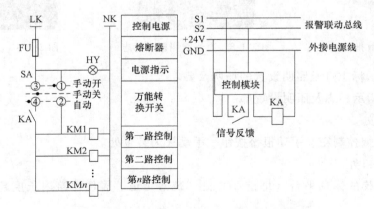

图 3-1-11　疏散指示标志及照明灯控制箱电路

（1）所用元件及设备　断路器 QF1~QFn：平时接通，发生火灾时断开。

交流接触器 KM1~KMn：平时失电断开，发生火灾时得电吸合。

单联双控翘板开关：①当打到"开"（即右边）的位置，未发生火灾时，电源一边给蓄电池充电，一边点亮疏散指示标志灯；发生火灾时，电源停止给蓄电池充电，而蓄电池内存储的电能逆变后送给疏散指示标志灯，让疏散指示标志灯点亮。②当打到"关"（即左边）的位置，未发生火灾时，电源只给蓄电池充电，但疏散指示标志灯不亮；发生火灾时，电源停止给蓄电池充电，而蓄电池内存储的电能逆变后送给疏散指示标志灯，让疏散指示标志灯亮。

万能转换开关 SA：有三个控制位置，当放置到"手动开"的位置时，人工开启疏散指示标志灯（亮）；当放置到"手动关"的位置时，人工关断疏散指示标志灯（灭）；当放置到"自动"的位置时，疏散指示标志灯的工作状态由消防报警控制器决定，有火灾时，灯亮；无火灾时，灯灭。

（2）工作原理　下面以自动控制为例加以说明。

未发生火灾时：断路器 QF 闭合——→给蓄电池充电。

发生火灾时：

① 断路器 QF 断开——→蓄电池不再充电。

② 火灾报警控制器通过控制模块——→中间继电器 KA 线圈得电——→中间继电器 KA 的常开触点闭合——→交流接触器 KM 线圈得电——→交流接触器 KM 的主触点闭合——→在蓄电池与疏散指示标志灯之间形成一条通路，疏散指示标志灯亮。

本章小结

1. 应急照明按供电方式分为集中供电式和分散供电式两种。分散式供电应急照明系统主要由应急灯组成。其中，应急灯又由内置灯具、蓄电池、充电器及自动转换电路等部分组成。集中式供电应急照明系统主要由普通照明灯具和应急电源等部分组成。

2. 应急照明设施通常有两类：一类为设置独立照明回路作为应急照明。这类应急照明灯具平时处于关闭状态（灯灭），只有发生火灾时才处于开启状态（灯亮）。另一类是利用正常照明的一部分灯具作为应急照明，这类应急照明灯具平时处于开启状态（和其他照明灯具一起亮），发生火灾时还处于开启状态（只有应急灯具亮）。

3. 消防应急标志灯的功能主要有：①指示楼层、避难层及其他安全避难场所；②指示安全出口及疏散方向；③指示灭火器具存放位置及方向；④指示禁止入内的通道、场所及危险品存放处。

4. 疏散指示标志的安装要求：①一般安装在疏散走道及转角处、消防楼梯及电梯处、楼（电）梯的休息平台等处；②安装高度：距地面 1m 以下嵌入墙内安装或在地面上（嵌入地面内）安装。

5. 疏散指示标志及照明的照度要求：①疏散指示标志及照明要能提供足够的照度（一般取 0.5lx）；②疏散指示标志及照明要能维持足够的疏散时间（一般取 20~60min）。

习　题

1. 应急照明系统分为哪几类？主要由哪几部分组成？

2. 简述应急照明设备的设置要求。

3. 应急灯具的要求有哪些?

4. 消防应急标志灯的功能有哪些?

5. 简述疏散指示标志的安装要求。

6. 简述疏散指示标志的照度要求。

第二章　消防通信系统的安装、使用及维护

【教学目标】

1. 了解消防广播系统的组成及作用，熟悉消防广播系统的安装规范及要求，会消防模块的安装。

2. 了解消防电话系统的组成及作用，会消防电话系统的安装、维护。

【目标引入】

消防通信系统包括消防广播系统（或称为火灾事故广播系统）及消防电话系统，它们在及时报警和指挥有序疏散方面有着重要的作用。

第一节　消防广播系统的安装、使用及维护

【教学目的】

1. 了解消防广播系统的作用及构成。

2. 掌握消防广播系统的安装规范及要求。

3. 会消防广播模块及消防扬声器的安装。

【教学环节】

一、消防广播系统的作用及组成

1. 消防广播系统的作用

目前一般情况下，将消防广播与背景音乐组合在一起。未发生火灾时，系统播放音乐舒缓心情，陶冶情操；发生火灾时，系统自动切换到消防广播状态，提醒相关区域内的人员，并可以统一指挥，避免混乱。

2. 消防广播系统的组成

消防广播系统可分为总线制和多线制两种形式。

其中，总线制消防广播系统由（总线制）消防广播主机（由音源、切换控制器、功率放大器等组成）、广播模块及音箱组成。而多线制消防广播系统由（多线制）消防广播通信主机（由音源、切换控制器、功率放大器及多线制广播分配盘等组成）及音箱组成。

（1）总线制消防广播系统　总线制消防广播系统主要由正常广播设备、消防广播设备、切换控制器消防广播模块及扬声器等部分组成，如图 3-2-1 所示。

总线制消防广播系统工作原理如下：未发生火灾时，正常广播设备（如 CD 机、音乐存储器、录音机等）将录制好的背景音乐播放出来，并通过功率放大器放大，传送到内走廊或房间内的扬声器上。

发生火灾时，首先，由火灾报警探测器探测到火灾信号，并传送到火灾报警控制器，通

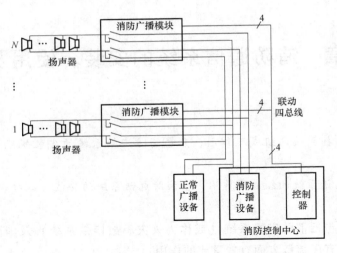

图 3-2-1　总线制消防广播系统工作原理框图

过火灾报警控制器的分析、判断，输出声光报警信号（在消防广播中心、建筑物内走道及房间内部等地方）而发出声光报警。此时，消防控制中心的控制器输出信号给消防广播模块，将正常广播线路切换为消防广播线路，或将录制好的"消防提示录音"播放出来，或用传声器指挥人员疏散，并通过功率放大器放大，传送到内走廊或房间内的扬声器上。

（2）多线制消防广播系统　它和总线制消防广播系统相比增加了一个多线制广播分配盘，减少了若干个消防广播模块，如图 3-2-2 所示。

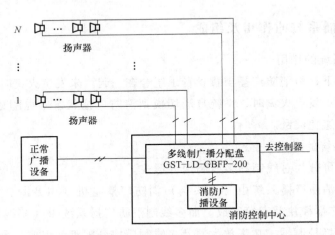

图 3-2-2　多线制消防广播系统工作原理框图

多线制消防广播系统的工作原理与总线制消防广播系统基本相同，这里不再赘述。

多线制消防广播系统的工作原理与总线制消防广播系统的区别见表 3-2-1。

3. 产品简介

（1）消防广播主机　它是消防通信系统的重要设备，一般安装固定在消防控制中心，如图 3-2-3 和图 3-2-4 所示。

表 3-2-1　多线制消防广播系统的工作原理与总线制消防广播系统的区别

系统 ＼ 特点	独有设备	是否需要编地址码	优缺点	广播线条数
总线制	消防广播模块	是	线路较少、成本较低、故障易查询	4 根
多线制	多线制广播分配盘	否	施工难度大、工程造价高、维护困难	$2N$ 根，其中，N 指的是防火（广播）分区数

图 3-2-3　台式消防广播主机（总线制）

图 3-2-4　抽屉式消防广播主机（多线制）

（2）扬声器　它是消防广播系统的发声设备，一般安装在现场，如图 3-2-5 所示。

（3）消防广播模块　用于总线制消防广播系统中，承担背景音乐及消防广播之间的切换任务，如图 3-2-6 所示。

图 3-2-5　扬声器

图 3-2-6　消防广播模块

（4）多线制广播分配盘　一般和多线制消防广播主机联合使用，如图 3-2-7 所示。

4. 消防广播系统的设置与安装要求

（1）设置要求

1）走道、大厅、餐厅等公共场所，扬声器的设置数量，应能保证从本层任何部位到最近一个扬声器的步行距离不超过 15m。在走道交叉处、拐弯处均应设扬声器。走道末端最后一个扬声器距墙不大于

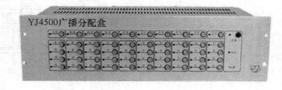

图 3-2-7　多线制广播分配盘

8m。每个扬声器的额定功率不应小于 3W，实配功率不应小于 2W。

2）客房内扬声器的额定功率不应小于 1W。

3）设在客房外走道的每个扬声器的输入功率不应小于 3W，且扬声器在走道内的设置

间距不宜大于 10m。

4）设置在空调、通风机房、洗衣机房、文娱场所和车库等处，有背景噪声干扰场所内的扬声器，在其播放范围内最远的播放声压级，应高于背景噪声 15dB，并据此确定扬声器的功率。

（2）控制范围　火灾事故广播输出分路，应按疏散顺序控制，播放疏散指令的楼层控制程序如下：

1）2 层及 2 层以上楼层发生火灾，宜先接通火灾层及其相邻的上、下层。

2）首层发生火灾，宜先接通本层、2 层及地下各层。

3）地下室发生火灾，宜先接通地下各层及首层。若首层与 2 层有较大共享空间时应包括 2 层。

（3）其他要求

1）火灾事故广播线路不应和其他线路（包括火警信号、联动控制等线路）同管或同线槽敷设。

2）火灾事故广播馈线电压不宜大于 100V。各楼层宜设置馈线隔离变压器。

5. 消防广播模块的安装

（1）工作原理　模块内嵌微处理器，微处理器实现与火灾报警控制器通信、电源总线掉电检测、输入输出线路故障检测、输出控制、输入信号逻辑状态判断、状态指示灯控制。模块接收到火灾报警控制器的启动命令后，吸合继电器，现场音箱从正常广播切换到消防广播，并点亮指示灯，同时将回答信号信息传到火灾报警控制器，表明切换成功。

（2）模块端子说明　消防广播模块端子如图 3-2-8 所示。

D1、D2：DC24V 电源，无极性；

Z1、Z2：信号总线输入端，无极性；

ZC1、ZC2：正常广播线输入端子；

XF1、XF2：消防广播线输入端子；

SP1、SP2：与广播音箱连接的输出端子。

（3）连线实例　消防广播控制器可以连接若干个消防广播模块，而每个消防广播模块

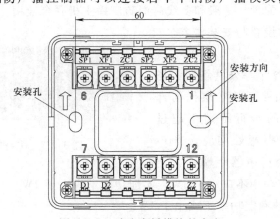

图 3-2-8　消防广播模块的底座

都可以连接一路现场音箱。系统连接情况如图 3-2-9 所示。

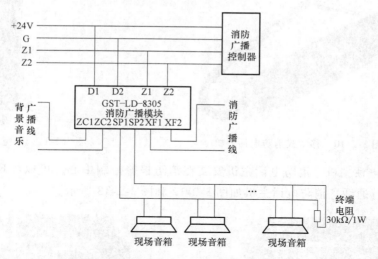

图 3-2-9　消防广播模块连接线示意图

第二节　消防电话系统的使用及维护

【教学目的】

1. 了解消防电话系统的结构及组成。

2. 掌握消防电话系统的设置方法及要求。

3. 会消防电话系统的安装、维护。

【教学环节】

消防电话系统可迅速实现对火灾的人工确认，并可及时掌握火灾现场情况，便于指挥灭火工作。

消防电话系统按线式可以分为总线式消防电话系统和多线式消防电话系统两类。

一、消防电话系统的组成

1. 组成部分

一个完整的消防电话系统一般由消防电话主机、消防电话分机、消防电话模块及消防电话电源等部分组成。

其中，消防电话主机又分为总线制主机和多线制主机；消防电话分机也分为总线制分机和二线制分机等种类。

2. 产品介绍

（1）消防电话分机　电话分机是消防火灾自动报警电话系统中重要的组成部分。消防电话分机因安装位置不同可分为固定式和移动式两种。固定式电话分机是安装在墙上的，移动式消防电话分机是由工作人员随身携带的。电话分机可以通过电话模块连接到电话主机上，如图 3-2-10 和图 3-2-11 所示。

图 3-2-10　移动式消防电话分机　　　　　　　　　图 3-2-11　固定式消防电话分机

（2）消防电话主机　消防电话主机安装在消防报警控制中心，可以和现场任意一个消防电话分机进行通话。消防电话主机如图 3-2-12 和图 3-2-13 所示。

图 3-2-12　总线制消防电话主机　　　　　　　　　图 3-2-13　多线制消防电话主机

（3）消防通信电源　当发生火灾而停电时，由消防通信电源给消防广播和消防电话系统供电，保障通信设备的安全畅通。消防通信电源如图 3-2-14 所示。

（4）消防电话模块　在消防电话系统中，为了方便移动式消防电话的插接，我们引入了消防电话模块。消防电话模块也分为总线插孔模块和非总线插孔模块两种，如图 3-2-15 所示。

图 3-2-14　消防通信电源　　　　　　　　　　　图 3-2-15　总线插孔消防电话模块

二、消防电话系统的设置要求

1. 消防电话主机的设置要求

1）消防控制室应设置消防专用电话主机，并配置专用的消防通信电源供电。

2）总线制消防电话主机可容纳 80 个消防电话分机地址编码，总线可采用截面积为 $1mm^2$ 的双绞线；主机与分机之间的最大距离不超过 3km。

3）在多线制消防电话系统中，每一部固定电话分机占用消防电话主机的一路；移动式消防电话分机用的消防电话模块可以并联使用，且并联的数量不限，但它只占消防电话主机的一路。

4）消防控制室、消防值班室等处应设置可直接报警的外线消防报警电话。

2. 消防电话分机的设置要求

1）在消防水泵房、变配电室、消防电梯机房等经常有人值班的机房，应安装消防电话分机。

2）消防电话模块安装在墙上时，其底边距离地面的高度宜为 1.3 ~ 1.5m。

3）特级保护对象的各避难层应每隔 20m 步行距离就设置一个消防电话分机（固定式）或消防电话模块（手提式）。

4）消防电话宜采用独立的消防通信系统，一般不得利用普通电话线路。

3. 消防电话系统的功能

1）多线制消防电话系统的功能：

主要有主机呼叫全部分机（群呼）功能、电话会议功能及分机对主机通话功能等。

2）总线制消防电话系统的功能：

除上述功能外，还可以查询通话分机信息并将主机与分机通话内容进行现场广播。

三、消防电话系统的安装使用

1. 消防电话主机部分技术参数

1）工作电压：DC24V。

2）静态功耗：≈1W。

3）录音时间：200s。

4）使用环境：温度：-10 ~ 50℃；相对湿度≤95 % 且不凝露。

2. 消防电话系统的连接

消防电话主机可以直接和固定式消防电话分机连接，也可以和消防电话模块连接，通过消防电话模块再和移动式消防电话分机连接。其中，总线制消防电话系统连接如图 3-2-16 所示。

图 3-2-16 中，LD-8304 是编码消防电话模块，每一个消防电话模块占用一个地址码，地址码的编码范围为 1 ~ 242，用电子编码器给消防电话模块编码。另外，消防电话模块还可以报故障。LD-8304 消防电话模块的接线端子如图 3-2-17 所示。

图 3-2-17 中，D1、D2 为电源总线，它采用 BV 线，截面积≥2.5mm^2；Z1、Z2 为信号总线，它采用 RVS 双绞线，截面积≥1.0mm^2（D1、D2、Z1、Z2 为联动四总线，连接到控制器上）。

L1、L2 为消防电话总线，它采用 RVVP 屏蔽线，截面积≥1.0mm^2；TL1、TL2 为消防电话插座连接端子，它采用 RVVP 屏蔽线，截面积≥1.0mm^2（L1、L2 连接固定电话分机，TL1、TL2 连接电话插孔）。

多线制消防电话系统结构框图如图 3-2-18 所示。

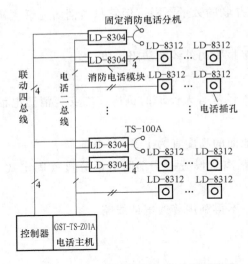

图 3-2-16　既有固定电话又有电话插孔的
消防电话系统结构框图

图 3-2-17　消防电话模块底座

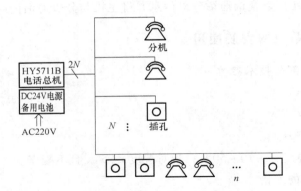

图 3-2-18　多线制消防电话系统结构框图

图 3-2-18 中，N 指的是消防电话支路数；n 指的是一条支路上连接的消防电话分机数。

3. 消防电话系统常见故障及排除方法

消防电话系统常见故障及排除方法见表 3-2-2。

表 3-2-2　常见故障及排除方法

故 障 现 象	可 能 原 因	解 决 方 法
接入分机后，主机仍报该路故障	分机损坏	更换分机
	分机连接线短路或开路	检查分机连接线，保证连接线无故障
开机后机器不工作	电源接入错误	检查电源接入是否正确，保证为24V 直流供电
	熔丝管损坏	更换同规格的熔丝管
开机后时钟显示不正确	未进行时钟校对	按说明校对时钟

本 章 小 结

1. 消防广播系统可分为总线制和多线制两种型式。其中，总线制消防广播系统由（总线制）消防广播主机、广播模块及音箱组成。多线制消防广播系统由（多线制）消防广播通信主机及音箱组成。

2. 消防广播系统的设置要求：

① 走道、大厅、餐厅等公共场所，扬声器的设置数量，应能保证从本层任何部位到最近一个扬声器的步行距离不超过 15m。在走道交叉处、拐弯处均应设扬声器。走道末端最后一个扬声器距墙不大于 8m。每个扬声器的额定功率不应小于 3W，实配功率不应小于 2W。

② 客房内扬声器的额定功率不应小于 1W。

③ 设在客房外走道的每个扬声器的输入功率不应小于 3W，且扬声器在走道内的设置间距不宜大于 10m。

④ 设置在空调、通风机房、洗衣机房、文娱场所和车库等处，有背景噪声干扰场所内的扬声器，在其播放范围内最远的播放声压级应高于背景噪声 15dB，并据此确定扬声器的功率。

3. 消防广播模块的工作原理：模块内嵌微处理器，微处理器实现与火灾报警控制器通信、电源总线掉电检测、输入输出线路故障检测、输出控制、输入信号逻辑状态判断、状态指示灯控制。模块接收到火灾报警控制器的启动命令后，吸合继电器，现场音箱从正常广播切换到消防广播，并点亮指示灯，同时将回答信号信息传到火灾报警控制器，表明切换成功。

4. 消防电话系统一般由消防电话主机、消防电话分机、消防电话模块及消防电话电源等部分组成。消防电话系统按线式可以分为总线式消防电话系统和多线式消防电话系统两类。

5. 消防电话分机的设置要求：

① 在消防水泵房、变配电室、消防电梯机房等经常有人值班的机房，应安装消防电话分机。

② 消防电话模块安装在墙上时，其底边距离地面的高度宜为 1.3～1.5m。

③ 特级保护对象的各避难层应每隔 20m 步行距离就设置一个消防电话分机（固定式）或消防电话模块（手提式）。

④ 消防电话宜采用独立的消防通信系统，一般不得利用普通电话线路。

习　　题

1. 简述消防广播系统的作用。

2. 简述总线制消防广播系统的工作原理。

3. 简述多线制消防广播系统与总线制消防广播系统的工作原理的主要区别。

4. 简述消防广播系统的设置要求。

5. 简述消防电话主机的设置要求。

6. 简述消防电话系统的常见故障及排除方法。

参 考 文 献

[1]　杨连武. 火灾报警及消防联动系统施工 [M]. 2 版. 北京：电子工业出版社，2012.

[2]　王建玉. 消防报警及联动控制系统的安装与维护 [M]. 北京：机械工业出版社，2011.

[3]　孙景芝，韩永学. 电气消防 [M]. 2 版. 北京：中国建筑工业出版社，2006.

[4]　吕景泉. 楼宇智能化系统安装与调试 [M]. 北京：中国铁道出版社，2011.

[5]　张剑明. 火灾自动报警与联动控制系统 [M]. 北京：中国人民公安大学出版社，2006.

[6]　韩雪峰，王莉. 消防工程概预算 [M]. 北京：机械工业出版社，2013.